U1070008

陕西省通用安装工程消耗量定额

（2025）

第十一册　信息通信设备与线缆安装工程

批准部门：陕西省住房和城乡建设厅
主编单位：陕西省建设工程造价服务中心
参编单位：宏业国际项目管理有限公司
软件支持：广联达西安科技有限公司
实施日期：2 0 2 5 年 7 月 1 日

中国计划出版社
北　京

本书编委会

总　　　编： 李卫军

副　总　编： 张　丹　陈永兵　崔建明　原　波　杜产阳

本册编写人员名单

主　　　编： 赵启哲　贺渤伦

副　主　编： 赵玉兰　曹　方　庄智斌

编 写 人 员： 许泽梅　商　艳　武　波　齐治国　邓玉婕　陈彦璇
贾芳霞

软 件 操 作： 郭继庆　路燚桓

总 说 明

一、《陕西省通用安装工程消耗量定额（2025）》共分十二册，包括：

第一册　机械设备安装工程

第二册　热力设备安装工程

第三册　静置设备与工艺金属结构制作安装工程

第四册　电气设备与线缆安装工程

第五册　建筑智能化安装工程

第六册　自动化控制仪表安装工程

第七册　通风空调安装工程

第八册　工业管道安装工程

第九册　消防安装工程

第十册　给排水、采暖、燃气安装工程

第十一册　信息通信设备与线缆安装工程

第十二册　防腐蚀、绝热工程

二、《陕西省通用安装工程消耗量定额（2025）》（以下简称“本定额”）是完成规定计量单位分部分项工程所需的人工、材料、施工机械台班、仪器仪表台班的消耗量标准。

三、本定额适用于工业与民用新建、扩建和改建工程项目中的通用安装工程。

四、本定额是在2021年《陕西省安装工程消耗量定额》基础上，以国家和有关行业发布的现行设计规程或规范、施工及验收规范、技术操作规程、质量评定标准、产品标准和安全操作规程、绿色建造规定等，并结合我省实际进行编制。

五、本定额是按照正常施工组织和施工条件，国内大多数施工企业采用的施工方法、机械装备水平、合理的劳动组织及工期进行编制。

1. 设备、材料、成品、半成品、构配件完整无损，符合质量标准和设计要求，附有合格证书和检验、试验合格记录。

2. 安装工程和土建工程之间的交叉作业合理、正常。

3. 安装地点、建筑物实体、设备基础、预留孔洞、预埋件等均符合安装设计要求。

4. 正常的气候、地理条件和施工环境。

5. 水、电供应均满足安装工程正常使用。

六、本定额未包括的项目，可按其他专业相应消耗量定额执行。

七、关于人工：

1. 人工以综合工日表示。

2. 人工消耗量包括基本用工、辅助用工和人工幅度差。

3. 人工每工日按照8小时工作制计算。

八、关于材料：

1. 材料泛指原材料、成品、半成品。包括施工中主要材料、辅助材料、周转材料和其他材料。在项目中以“（×××）”表示的材料为主要材料。

2. 材料用量：

（1）材料用量包括净用量和损耗量。

（2）材料损耗量包括从工地仓库运至安装堆放地点或现场加工地点运至安装地点的搬运损耗、安装操作损耗、安装地点堆放损耗。

（3）材料损耗量不包括场外的运输损失、仓库（含露天堆场）地点或现场加工地点保管损耗、由于材料规格和质量不符合要求而报废的数量；不包括规范、设计文件规定的预留量、搭接量、冗余量。

3. 项目中列出的周转性材料用量是按照不同施工方法、考虑不同工程项目类别、选取不同材料规格综合计算出的摊销量。

4. 对于用量少、低值易耗的零星材料，列为其他材料。按照消耗性材料费用比例计算。

九、关于机械：

1. 施工机械是按照常用机械、合理配备考虑，同时结合施工企业的机械化能力与水平等情况综合确定。

2. 施工机械台班消耗量是按照机械正常施工效率并考虑机械施工适当幅度差综合取定。

3. 原单位价值在 2000 元以内、使用年限在一年以内不构成固定资产的施工机械，不列入机械台班消耗量，其消耗的燃料动力等综合在其他材料费中。

4. 机械台班按每台班 8 小时工作制计算。

十、关于仪器仪表：

1. 仪器仪表是按照正常施工组织、施工技术水平考虑，同时结合市场实际情况综合确定。

2. 仪器仪表台班消耗量是按照仪器仪表正常使用率，并考虑必要的检验检测及适当幅度差综合取定。

3. 原单位价值在 2000 元以内、使用年限在一年以内不构成固定资产的仪器仪表，不列入仪器仪表台班消耗量，其消耗的燃料动力等综合在其他材料费中。

十一、关于水平运输和垂直运输：

1. 水平运输：

（1）水平运输距离是指由施工单位现场仓库或指定堆放地点运至安装地点或垂直运输点的距离。设备水平运距按照 200m、材料（含成品、半成品）水平运距按照 300m 综合取定，执行时不做调整。

（2）项目中未考虑场外运输和场内二次搬运。工程实际发生时应根据有关规定另行计算。

2. 垂直运输：

（1）垂直运输基准面为室外地坪。

（2）垂直运输是按照建筑物层数 6 层以下、建筑高度 20m 以下、地下深度 10m 以内考虑，工程实际超过时，应计算建筑物超高（深）增加费。

十二、关于安装操作高度：

1. 安装操作基准面一般是指室外地坪或室内各层楼地面地坪。

2. 安装操作高度是指安装操作基准面至安装点的垂直高度。除各册另有规定者外，安装操作高度综合取定为 6m 以内。工程实际超过时，应计算安装操作高度增加费。

十三、关于建筑超高（深）增加费：

1. 建筑超高（深）增加费是指在建筑物层数 6 层以上、建筑高度 20m 以上、地下深度 10m 以上的建筑施工时，应计算建筑超高（深）需要增加的安装费。各册另有规定者除外。

2. 建筑超高（深）增加费包括人工降效、使用机械（含仪器仪表、工具用具）降效、延长垂直运输时间等费用。

3. 建筑超高（深）增加费，以单位工程（群体建筑以车间或单栋楼设计为准）全部工程量（含地下、地上部分）为基数，按照系数法计算。系数详见各册说明。

4. 单位工程（群体建筑以车间或单栋楼设计为准）满足建筑高度、建筑物层数、地下深度之一者，均应计算建筑超高（深）增加费。

十四、关于脚手架搭拆：

1. 脚手架搭拆是根据施工组织设计、满足安装需要所采取的安装措施。脚手架搭拆除满足自身安全外，不包括工程项目安全、环保、文明等工作内容。

2. 脚手架搭拆综合考虑了不同的结构形式、材质、规模、占用时间等要素，执行时不做调整。

3. 在同一个单位工程内有若干专业安装时，凡符合脚手架搭拆计算规定者，应分别计算脚手架搭拆费用。

十五、本定额中没有考虑施工与生产同时进行、在有害身体健康（防腐工程、检测项目除外）条件下施工时的降效，工程实际发生时按各册相关规定另行计算。

十六、本定额适用于海拔2000m以下地区。

十七、本定额中注有“××以内”或“××以下”者，均包括××本身；注有“××以外”或“××以上”者，则不包括××本身。

十八、凡本说明未尽事宜，详见各册说明。

十九、本定额的解释和日常管理，由陕西省建设工程造价服务中心负责。

目　录

第五章　埋式光缆的保护与防护

第六章　安装分光、分线、配线设备

第七章　光（电）缆接续与测试

第八章　通信设备安装工程

附　　录

册 说 明

一、第十一册《信息通信设备与线缆安装工程》适用于有线接入用户通信安装工程。包括：室外通信线路、光纤入户、用户通信设备及线缆等安装与调试。

二、本册定额主要依据的规范标准有：

1.《有线接入网设备安装工程设计规范》YD/T 5139—2019；

2.《有线接入网设备安装工程验收规范》YD/T 5140—2005；

3.《通信管道与通道工程设计标准》GB 50373—2019；

4.《通信管道工程施工及验收标准》GB/T 50374—2018；

5.《通信线路工程设计规范》GB 51158—2015；

6.《通信线路工程验收规范》GB 51171—2016；

7.《综合布线系统工程设计规范》GB 50311—2016；

8.《综合布线系统工程验收规范》GB/T 50312—2016；

9.《住宅区和住宅建筑内光纤到户通信设施工程设计规范》GB 50846—2012；

10.《住宅区和住宅建筑内光纤到户通信设施工程施工及验收规范》GB 50847—2012；

11.《宽带光纤接入工程技术规范》YD/T 5206—2023；

12.《通信管道人孔和手孔图集》YD/T 5178—2017。

三、本册定额除各章另有说明外，均包括下列工作内容：施工准备，设备、材料及工机具场内运输，设备开箱检验、配合基础验收，吊装设备就位、安装、连接，设备调平找正、固定，配合检查验收等。

四、相关说明：

1. 电源线敷设、控制电缆敷设、电缆桥架或支架制作与安装、电线槽安装、电线管敷设、电缆保护管敷设以及 UPS 电源及附属设施、配电箱等安装，执行第四册《电气设备与线缆安装工程》相应项目。

2. 凿孔、开槽等，应执行第十册《给排水、采暖、燃气安装工程》相应项目。

3. 项目中不包括电源、无线等专业通信设备安装项目，需要时可参考《信息通信建设工程预算定额》相应项目。

五、下列费用可按系数分别计取：

1. 安装高度超过安装操作基准面 6m 时，安装操作高度增加费，应按照项目人工费乘以下表规定系数计算。

系数表

安装高度距离安装操作基准面（m）	⩽10	⩽30	⩽50	>50
系数	0.10	0.30	0.50	0.75

2. 建筑超高、超深增加费，应按照下表规定系数计算。其中：人工费为 36.50%，机械与仪器仪表为 63.50%。

建筑超高、超深增加费系数表

建筑物高度（m 以内）	40	60	80	100	120	140	160	180	200
建筑物层数（层以内）	12	18	24	30	36	42	48	54	60
地下深度（m 以内）	20	30	40	—	—	—	—	—	—
按照人工费计算（%）	3	6	10	16	22	28	34	40	46

注：建筑物层数大于 60 层时，以 60 层为基础，按每增加一层增加 1%计算。

3. 安装与生产同时进行的增加费，按安装工程人工费的 6%计取。

4. 在有害身体健康的环境中施工降效增加费，按安装工程人工费的 6%计取。

5. 拆除费用（现场变更等因素需要拆除的项目），应按相应安装项目人工费、机械费的 40%，材料费的 8%计算。

六、室外通信线路工程（管道敷设、架空敷设）总工日小于 100 工日时，人工乘以系数 1.15；总工日小于 250 工日时，人工乘以系数 1.10。

第一章

施工测量与挖土填土石方

说　明

一、本章内容包括施工测量、开挖路面、开挖与回填管道沟及人手孔坑、挖填光（电）缆沟及接头坑、挡土板及抽水等内容。

二、施工测量项目仅适用于室外通信线路工程，室内通信工程不得计算。

三、开挖土石方中不包括地下、地上障碍物的探测、处理等用工、用料，工程中发生时按实计算。

四、单盘光缆测试是按单窗口测试取定的，需双窗口测试时，其人工和仪表分别乘以系数 1.80。

五、开挖路面、开挖与回填管道沟及人手孔坑分为人工开挖与机械开挖两种施工方式。

六、本章不含“修复路面”相关项目内容，发生时执行第四册《电气设备与线缆安装工程》相应项目。

七、挖填光（电）缆沟及接头坑分挖、松填和挖、夯填两种施工方式。

八、管道沟及人（手）孔坑抽水项目中相关名词说明：

1. 弱水流：指抽水和用人工依次将渗水处理后，当天不再有渗水需处理，可正常进行施工。

2. 中水流：指抽水和用人工将渗水处理后，在施工中仍需间断处理妨碍施工正常进行的渗水。

3. 强水流：指必须用抽水机不断的抽水，才能保证施工。

九、布放光（电）缆人（手）孔抽水是指敷设光（电）缆时人（手）孔中存在积水，妨碍施工时所需采取的措施。人孔抽水项目分为“积水（静态）”和“流水（动态）”两种施工环境。

工程量计算规则

一、施工测量工程量应按设计图示室外路由长度，以“100m”为计量单位；施工测量中的GPS定位应按设计图示数量，以“点”为计量单位。

二、单盘光缆测试以“芯盘”为计量单位，在计算工程量时，应按光缆芯数乘以设计配盘光缆数量计算。

三、土石方工程量根据土质类别和开挖条件，区分路面、管道沟和人（手）孔坑等，按设计图示尺寸，分别以“$100m^2$”“$100m^3$”为计量单位。

四、管道沟开挖沟底宽度由管道基础和所需操作余度确定。管道基础宽630mm以下时，其沟底宽度为基础宽度加300mm（即每侧各加150mm）；管道基础宽630mm以上时，其沟底宽度为基础宽度加600mm（即每侧各加300mm）；无基础管道的沟底宽度，应为管群宽度加400mm（即每侧各加200mm）。当设计规定管道沟槽需要支撑挡土板时，沟底宽度应另增加100mm。

五、凡在铺砌路面下开挖管道沟和人手孔坑时，其沟（坑）土方量应减去开挖的路面铺砌物所占的体积。

六、回填土方工作量区分回填材料类别，分别以“$100m^3$”为计量单位；回填土按人工回填取定，包括回填及夯实（压实）等全部工序内容；管道沟回填土体积，按开挖土方体积扣除地面以下管道和人（手）孔（包括基础）所占的体积计算。

七、手推车倒运土方工作量，以“$100m^3$”为计量单位，项目中“手推车倒运土方”指的是从施工现场至临时堆放点的土方倒运。从临时堆放点至场外的土方倒运应根据施工现场情况以及所埋设的管群和人（手）孔（包括混凝土基础）体积的总和计算倒运土方的工程量，应按施工组织设计或施工方案另行计算。

八、铺设碎石底基应按设计图示基础尺寸，以“$100m^3$”为计量单位。

九、挖、填光（电）缆沟及接头坑工作量根据土质类别按设计图示尺寸，以“$100m^3$”为计量单位。

十、石质沟铺盖细土以“沟千米”为计量单位，根据电缆沟长度计算。

十一、管道沟挡土板工作量应按设计图示管沟长度，以“100m”为计量单位；人孔坑挡土板工作量以“10个”为计量单位。

十二、管道沟抽水工作量应按设计图示管沟长度，以“100m”为计量单位。

十三、人（手）孔坑、人（手）孔抽水工作量，应分别以“个”为计量单位。

一、施 工 测 量

工作内容： 1. 管道工程施工测量：核对图纸，复查路由位置和人（手）孔及管道坐标与高程，定位放线，做标记等。

2. 光（电）缆工程施工测量：核对图纸，复查路由位置，施工定点划线，做标记、光（电）缆配盘等。

计量单位： 100m

编　号				11-1-1	11-1-2	11-1-3	11-1-4
项　目				施工测量			
				管道工程	直埋光（电）缆工程	管道光（电）缆工程	架空光（电）缆工程
名　称			单位	消　耗　量			
人工	000203000	综合二类工	工日	1.100	0.700	0.440	0.580
机械	871113018	激光测距仪	台班	0.200	0.050	0.040	0.050
	873152043	地下管线探测仪	台班	0.200	0.040	—	—

工作内容： 1. 单盘光缆测试：外观检验，测试单盘光缆传输特性等。

2. GPS 定位：校表，测量，记录数据等。

计量单位： 见表

编　号				11-1-5	11-1-6
项　目				单盘光缆测试	GPS 定位
单　位				芯盘	点
名　称			单位	消　耗　量	
人工	000203000	综合二类工	工日	0.020	0.050
机械	871122021	光时域反射仪	台班	0.060	—
	873150098	手持 GPS 定位仪	台班	—	0.010

二、开 挖 路 面

1. 人 工 开 挖

工作内容： 机械切割路面，人工开挖路面（含结构层），渣土分类堆放等。　　**计量单位：** $100m^2$

编　号				11-1-7	11-1-8	11-1-9	11-1-10
项　目				人工开挖路面（厚度 mm）			
				混凝土		沥青	
				100 以下	每增加 10	100 以下	每增加 10
名　称			单位	消　耗　量			
人工	000103000	综合一类工	工日	27.580	2.080	14.880	1.440
机械	990784010	燃油式路面切割机	台班	0.500	—	0.500	—
	991004020	内燃空气压缩机 $6m^3/min$	台班	0.850	0.100	0.350	0.040

工作内容：机械切割路面，人工开挖路面（含结构层），渣土分类堆放等。　　计量单位：$100m^2$

编号				11-1-11	11-1-12	11-1-13	11-1-14	11-1-15
项目				人工开挖路面（厚度 mm）				
				砂石		混凝土砌块	水泥花砖	条石
				100 以下	每增加 10			
名称			单位	消耗量				
人工	000103000	综合一类工	工日	7.330	0.680	4.130	3.190	30.880
机械	991004020	内燃空气压缩机 $6m^3/min$	台班	0.200	0.020	—	—	—

2. 机 械 开 挖

工作内容：机械切割路面，机械开挖路面（含结构层），渣土分类堆放等。　　计量单位：$100m^2$

编号				11-1-16	11-1-17	11-1-18	11-1-19	11-1-20	11-1-21
项目				机械开挖路面（厚度 mm）					
				混凝土		沥青		砂石	
				100 以下	每增加 10	100 以下	每增加 10	100 以下	每增加 10
名称			单位	消耗量					
人工	000103000	综合一类工	工日	4.250	0.380	3.250	0.080	4.250	0.130
机械	990147040	颚式破碎机 500 × 750mm	台班	0.400	0.040	0.110	0.010	—	—
	990784010	燃油式路面切割机	台班	0.500	—	0.700	—	—	—
	990106010	履带式单斗液压挖掘机 $0.6m^3$	台班	0.300	0.030	0.240	0.020	0.210	0.020

三、开挖与回填管道沟及人（手）孔坑

1. 人 工 开 挖

工作内容：人工挖土，开石方，修整底边，找平，弃渣清理或人工开石沟等。　　计量单位：$100m^3$

编号				11-1-22	11-1-23	11-1-24	11-1-25	11-1-26	11-1-27
项目				人工开挖管道沟及人（手）孔坑					
				普通土	硬土	砂砾土	冻土	软石	坚石
名称			单位	消耗量					
人工	000103000	综合一类工	工日	26.250	42.920	62.920	115.420	224.250	444.920
机械	991004020	内燃空气压缩机 $6m^3/min$	台班	—	—	—	—	15.000	50.000

2. 机 械 开 挖

工作内容：挖掘机挖土，修整底边，找平，弃渣清理等。　　计量单位：$100m^3$

编号				11-1-28	11-1-29	11-1-30	11-1-31
项目				机械开挖管道沟及人（手）孔坑			
				普通土	硬土	砂砾土	冻土
名称			单位	消耗量			
人工	000103000	综合一类工	工日	3.130	3.290	3.460	3.460
机械	990106010	履带式单斗液压挖掘机 $0.6m^3$	台班	1.050	1.200	1.420	3.100

3. 回填土石方及其他

工作内容：准备回填物，回填（松填或夯实）等。　　　　**计量单位**：100m³

编号				11-1-32	11-1-33	11-1-34	11-1-35
项目				回填土石方			
				松填原土	夯填原土	夯填灰土（2∶8）	夯填灰土（3∶7）
名称			单位	消耗量			
人工	000103000	综合一类工	工日	14.000	21.250	49.000	54.250
材料	040905004	石灰	t	—	—	18.000	27.000
	850103006	其他材料费（占材料费）	%	—	—	0.500	0.500

工作内容：1. 回填土石方：准备回填物，回填（松填或夯实）等。
2. 手推车倒运土方：装车，短距离运土，卸土等。
3. 碎石底基：铺石子，找平拍实，面层铺砂找平等。　　　　**计量单位**：100m³

编号				11-1-36	11-1-37	11-1-38	11-1-39	11-1-40
项目				回填土石方			手推车倒运土方	碎石底基
				夯填级配砂石	夯填碎石	砂子		
名称			单位	消耗量				
人工	000103000	综合一类工	工日	60.250	60.380	21.500	12.000	0.750
材料	803501001	级配砂石	t	187.000	—	—	—	—
	040501007	碎石 5～32	t	—	171.000	—	—	1.500
	040305001	粗砂	t	—	—	195.000	—	0.280
	850103006	其他材料费（占材料费）	%	0.500	0.500	0.500	—	0.500

四、挖、填光（电）缆沟及接头坑

1. 挖、松填光（电）缆沟及接头坑

工作内容：挖、松填光（电）缆沟及接头坑，弃渣清理或人工开槽等。　　　　**计量单位**：100m³

编号				11-1-41	11-1-42	11-1-43	11-1-44	11-1-45	11-1-46
项目				挖、松填光（电）缆沟及接头坑					
				普通土	硬土	砂砾土	冻土	软石	坚石（人工）
名称			单位	消耗量					
人工	000103000	综合一类工	工日	39.380	51.500	62.130	139.500	267.750	491.700
机械	991004020	内燃空气压缩机 6m³/min	台班	—	—	—	—	3.000	10.000

2. 挖、夯填光（电）缆沟及接头坑

工作内容：挖、夯填光（电）缆沟及接头坑，弃渣清理或人工开槽等。 **计量单位**：$100m^3$

编 号				11-1-47	11-1-48	11-1-49	11-1-50	11-1-51	11-1-52
项 目				挖、夯填光（电）缆沟及接头坑					
				普通土	硬土	砂砾土	冻土	软石	坚石（人工）
名 称			单位	消 耗 量					
人工	000103000	综合一类工	工日	40.880	55.000	71.130	145.500	276.800	518.700
机械	990124010	内燃夯实机 700N · m	台班	0.750	0.750	0.750	—	—	—
	991004020	内燃空气压缩机 $6m^3/min$	台班	—	—	—	—	3.000	10.000

3. 石质沟铺盖细土

工作内容：运细土，撒铺（盖）细土等。 **计量单位**：沟千米

编 号				11-1-53
项 目				石质沟铺盖细土
名 称			单位	消 耗 量
人工	000103000	综合一类工	工日	6.000

五、挡土板及抽水

1. 挡 土 板

工作内容：制作、支撑挡土板，拆除挡土板，修理，集中堆放等。 **计量单位**：见表

编 号				11-1-54	11-1-55
项 目				挡土板	
				管道沟	人孔坑
单 位				100m	10 个
名 称			单位	消 耗 量	
人工	000103000	综合一类工	工日	8.000	28.500
材料	050401005	板枋材 Ⅲ等	m^3	0.320	0.450
	050100001	原木（综合）	m^3	0.070	0.350
	850103006	其他材料费（占材料费）	%	0.500	0.500

2. 抽　　水

（1）管道沟及人（手）孔坑抽水

工作内容：安装、拆卸抽水器具，抽水等。　　　　**计量单位：**100m

编　　号				11-1-56	11-1-57	11-1-58
项　　目				管道沟抽水		
				弱水流	中水流	强水流
名　　称			单位	消　耗　量		
人工	000103000	综合一类工	工日	2.000	3.500	6.130
机械	990805010	污水泵　70mm	台班	1.500	3.000	5.630

工作内容：安装、拆卸抽水器具，抽水等。　　　　**计量单位：**个

编　　号				11-1-59	11-1-60	11-1-61	11-1-62
项　　目				人孔坑抽水			手孔坑抽水
				弱水流	中水流	强水流	
名　　称			单位	消　耗　量			
人工	000103000	综合一类工	工日	2.500	4.500	6.500	1.500
机械	990805010	污水泵　70mm	台班	2.000	4.000	6.000	1.000

（2）布放光（电）缆人（手）孔抽水

工作内容：装拆抽水工具，抽水，清理现场等。　　　　**计量单位：**个

编　　号				11-1-63	11-1-64	11-1-65
项　　目				人孔抽水		手孔抽水
				积水	流水	
名　　称			单位	消　耗　量		
人工	000103000	综合一类工	工日	0.750	1.380	0.380
机械	990815010	抽水机	台班	0.200	0.500	0.100

第二章

通信管道

第二章

教育目的

说 明

一、本章内容包括混凝土管道基础、塑料管道基础、铺设水泥管道、铺设塑料管道（包括硬管、波纹管、栅格管、蜂窝管）、敷设硅芯管道、地下定向钻孔敷管、砌筑人（手）孔、管道防水及其他等。

二、管道基础分混凝土管道基础和塑料管道基础两种，使用时可根据不同的基础宽度执行相应项目。

三、塑料管道基础部分按塑料管道外径 110mm 标准取定，当塑料管道外径为其他尺寸或是栅格管组群时，按基础实际宽度执行本章相应项目。

四、砌筑人（手）孔的项目是按照标准图集给定的标准人（手）孔设置的，当实际的人（手）孔结构与标准不同时，可依据管道防水及其他的“砂浆砖砌体”和“砂浆抹面”进行相应调整。

五、人（手）孔基础需加筋时，每 100kg 钢筋按综合二类工 0.5 工日计取，不足 100kg，按 100kg 计列工日。

六、本章中的管道基础是按基础厚度 80mm 取定的。当基础厚度为 100mm、120mm 时，分别乘以系数 1.25、1.50。

七、本章中铺设塑料管按塑料管单根管 6m 长计取，多孔复合管按一孔塑料管计算；“聚乙烯塑料管”包含连接件。

八、本章中 SK 系列手孔墙壁按 240mm、手孔内高按图示最小高度计算，设计与此规定不同时可按实际情况调整。

九、在使用地下定向钻孔敷管相关内容时应注意：

1. 使用接续管材，其接续器材应按实计算；项目中工日不做调整。

2. 地下土层为以下情况时，人工和机械台班乘以相应的系数。回填垃圾系数为 1.20；黏性土夹碎石土系数为 1.50；纯砂层或碎石土系数为 2.00。

3. 路由长度超过 300m 时，微控钻孔敷管设备采用 25t 以上设备。

十、不同孔径最大可敷设的管孔数参考下表。

不同孔径最大可敷设的管孔数表

地下定向钻孔工作孔径ϕ（mm）	120	240	360	600	840
可敷设 PE 管ϕ外/内 = 110/90 的最大孔数	1	2	6	17	34
可敷设 PE 管ϕ外/内 = 113/96 的最大孔数	1	2	6	16	33
可敷设硅芯管ϕ外/内 = 40/33 的最大孔数	5	22	48	135	—

注：当同一个工作孔内穿放两种不同管径的管道时，应以所敷设管道截面积之和与工作孔径截面积比 ≤ 60%计算；当比值接近 60%时，应以画图方式判断组合截面在工作孔中的安排是否合理。

工程量计算规则

一、混凝土管道基础应区分基础形式及混凝土标号，按设计图示尺寸，分别以“100m”为计量单位。

二、混凝土管道基础加筋（人孔/手孔窗口处）应区分基础形式、基础宽度及位置，按设计图示数量，分别以“10处”为计量单位；混凝土管道基础加筋（远离人孔/手孔窗口处）应区分基础形式、基础宽度及位置，按设计图示数量，分别以“100m”为计量单位。

三、塑料管道基础应区分基础宽度及混凝土标号，按设计图示尺寸，分别以“100m”为计量单位。

四、塑料管道基础加筋（人孔/手孔窗口处）应区分基础形式、基础宽度及位置，按设计图示数量，分别以“10处”为计量单位；塑料管道基础加筋（远离人孔/手孔窗口处）应区分基础形式、基础宽度及位置，按设计图示数量，分别以“100m”为计量单位。

五、铺设水泥管道应区分管道的铺设方式，按设计图示尺寸，分别以“100m”为计量单位。

六、铺设塑料管道（包括硬管、波纹管、栅格管、蜂窝管）应区分管孔数量、排列形式，按设计图示尺寸，分别以“100m”为计量单位。

七、人工敷设硅芯管应区分管孔数量，按设计图示尺寸，分别以“100m”为计量单位；硅芯管试通、充气试验以“孔千米”为计量单位。

八、铺设镀锌钢管管道应区分管孔数量、排列形式，按设计图示尺寸，分别以“100m”为计量单位。

九、地下定向钻孔敷管长度按30m以内应区分孔径，按设计图示尺寸，分别以“处”为计量单位；地下定向钻孔敷管长度超过30m时应区分孔径，按设计图示尺寸，分别以“10m”为计量单位。

十、填充水泥砂浆、混凝土包封应区分水泥砂浆或混凝土标号，分别以“m^3”为计量单位。

十一、砖砌人（手）孔应区分不同砌筑方式及人手孔不同形式，按设计图示数量，分别以“个”为计量单位。

十二、砌筑混凝土预制砖人孔应区分承重量、尺寸及形式，按设计图示数量，分别以“个”为计量单位。

十三、砖砌配线手孔应区分不同形式，按设计图示数量，分别以“个”为计量单位。

十四、防水砂浆抹面应区混凝土墙面、砖墙面，按设计图示尺寸，分别以“m^2”为计量单位。

十五、砂浆砖砌体按设计图示尺寸，以“m^3”为计量单位；砂浆抹面按设计图示尺寸，以“m^2”为计量单位；人孔壁开窗口按设计图示数量，以“处”为计量单位。

十六、预制手孔区分材质、型号按设计图示数量，分别以“个”为计量单位；管道防水区分施工材质、工艺，按设计图示尺寸，分别以“m^2”为计量单位；预埋铁件制作安装，按设计图示尺寸，以“t”为计量单位。

十七、铺设通信管道的长度均应按设计图示敷设管道长度计算，不扣除人（手）孔所占长度。

一、混凝土管道基础

1. 混凝土管道基础

工作内容：制、支、拆、修木模，人工拌和浇筑混凝土，养护等。　　**计量单位**：100m

编号				11-2-1	11-2-2	11-2-3	11-2-4	11-2-5	11-2-6
项目				混凝土管道基础					
				一立型（350 宽）			一平型（460 宽）		
				C15	C20	C25	C15	C20	C25
名称			单位	消耗量					
人工	000203000	综合二类工	工日	9.670	9.670	9.670	10.770	10.770	10.770
材料	040100002	水泥 32.5	t	0.980	1.130	1.320	1.290	1.480	1.740
	040305001	粗砂	t	1.890	1.780	1.560	2.480	2.340	2.050
	040501007	碎石 5～32	t	3.630	3.580	3.610	4.760	4.710	4.740
	050401005	板枋材 Ⅲ等	m^3	0.090	0.090	0.090	0.100	0.100	0.100
	850103006	其他材料费（占材料费）	%	0.500	0.500	0.500	0.500	0.500	0.500

工作内容：制、支、拆、修木模，人工拌和浇筑混凝土，养护等。　　**计量单位**：100m

编号				11-2-7	11-2-8	11-2-9	11-2-10	11-2-11	11-2-12
项目				混凝土管道基础					
				二立型（615 宽）			四平 B 型（725 宽）		
				C15	C20	C25	C15	C20	C25
名称			单位	消耗量					
人工	000203000	综合二类工	工日	13.420	13.420	13.420	14.420	14.420	14.420
材料	040100002	水泥 32.5	t	1.720	1.980	2.320	2.030	2.330	2.740
	040305001	粗砂	t	3.320	3.130	2.740	3.910	3.690	3.230
	040501007	碎石 5～32	t	6.370	6.300	6.340	7.510	7.430	7.470
	050401005	板枋材 Ⅲ等	m^3	0.100	0.100	0.100	0.110	0.110	0.110
	850103006	其他材料费（占材料费）	%	0.500	0.500	0.500	0.500	0.500	0.500

工作内容：制、支、拆、修木模，人工拌和浇筑混凝土，养护等。　　**计量单位**：100m

编号				11-2-13	11-2-14	11-2-15	11-2-16	11-2-17	11-2-18
项目				混凝土管道基础					
				四平 A 型（835 宽）			三立型（880 宽）		
				C15	C20	C25	C15	C20	C25
名称			单位	消耗量					
人工	000203000	综合二类工	工日	15.910	15.910	15.910	16.460	16.460	16.460
材料	040100002	水泥 32.5	t	2.340	2.690	3.160	2.460	2.830	3.330
	040305001	粗砂	t	4.500	4.250	3.720	4.750	4.480	3.930
	040501007	碎石 5～32	t	8.650	8.550	8.610	9.120	9.010	9.070
	050401005	板枋材 Ⅲ等	m^3	0.110	0.110	0.110	0.110	0.110	0.110
	850103006	其他材料费（占材料费）	%	0.500	0.500	0.500	0.500	0.500	0.500

工作内容： 制、支、拆、修木模，人工拌和浇筑混凝土，养护等。 **计量单位：** 100m

编号				11-2-19	11-2-20	11-2-21
项目				混凝土管道基础		
				八立型（1145 宽）		
				C15	C20	C25
名称			单位	消耗量		
人工	000203000	综合二类工	工日	19.210	19.210	19.210
材料	040100002	水泥 32.5	t	3.200	3.680	4.330
	040305001	粗砂	t	6.170	5.830	5.110
	040501007	碎石 5～32	t	11.860	11.730	11.800
	050401005	板枋材 Ⅲ等	m^3	0.120	0.120	0.120
	850103006	其他材料费（占材料费）	%	0.500	0.500	0.500

2. 混凝土管道基础加筋

工作内容： 钢筋调直，除锈，切断，成型，绑扎等。 **计量单位：** 10 处

编号				11-2-22	11-2-23	11-2-24	11-2-25	11-2-26
项目				混凝土管道基础加筋（人孔/手孔窗口处）				
				一立型（350宽）	一平型（460宽）	二立型（615宽）	四平 B 型（725宽）	四平 A 型（835宽）
名称			单位	消耗量				
人工	000203000	综合二类工	工日	0.480	0.580	0.830	0.950	1.080
材料	010101008	热轧光圆钢筋 HPB300 $\phi6$	kg	5.620	7.610	10.690	12.500	14.500
	010100014	钢筋 $\phi10$	kg	39.400	49.280	69.230	78.800	88.680
	850103006	其他材料费（占材料费）	%	0.500	0.500	0.500	0.500	0.500

工作内容： 钢筋调直，除锈，切断，成型，绑扎等。 **计量单位：** 见表

编号				11-2-27	11-2-28	11-2-29	11-2-30	11-2-31
项目				混凝土管道基础加筋（人孔/手孔窗口处）				
				三立型（880宽）	八立型（1145宽）	一立型（350宽）	一平型（460宽）	二立型（615宽）
单位				10 处		100m		
名称			单位	消耗量				
人工	000203000	综合二类工	工日	1.080	1.300	1.480	1.880	2.630
材料	010101008	热轧光圆钢筋 HPB300 $\phi6$	kg	15.220	17.940	35.170	47.650	66.940
	010100014	钢筋 $\phi10$	kg	88.680	108.000	251.740	314.670	440.540
	850103006	其他材料费（占材料费）	%	0.500	0.500	0.500	0.500	0.500

工作内容： 钢筋调直，除锈，切断，成型，绑扎等。　　　　**计量单位：** 100m

编号				11-2-32	11-2-33	11-2-34	11-2-35
项目				混凝土管道基础加筋（远离人孔/手孔窗口处）			
				四平 B 型（725 宽）	四平 A 型（835 宽）	三立型（880 宽）	八立型（1145 宽）
名称			单位	消耗量			
人工	000203000	综合二类工	工日	3.000	3.400	3.430	4.150
材料	010101008	热轧光圆钢筋 HPB300 $\phi6$	kg	78.280	90.760	95.300	112.320
	010100014	钢筋 $\phi10$	kg	503.480	566.410	566.410	692.280
	850103006	其他材料费（占材料费）	%	0.500	0.500	0.500	0.500

二、塑料管道基础

1. 塑料管道基础

工作内容： 制、支、拆、修木模，人工拌和浇筑混凝土，养护等。　　　　**计量单位：** 100m

编号				11-2-36	11-2-37	11-2-38	11-2-39	11-2-40	11-2-41
项目				基础宽 230			基础宽 360		
				C15	C20	C25	C15	C20	C25
名称			单位	消耗量					
人工	000203000	综合二类工	工日	7.290	7.290	7.290	9.170	9.170	9.170
材料	040100002	水泥 32.5	t	0.650	0.740	0.870	1.010	1.160	1.370
	040305001	粗砂	t	1.250	1.180	1.030	1.950	1.840	1.610
	040501007	碎石 5～32	t	2.390	2.360	2.380	3.730	3.690	3.720
	050401005	板枋材 Ⅲ等	m^3	0.080	0.080	0.080	0.100	0.100	0.100
	850103006	其他材料费（占材料费）	%	0.500	0.500	0.500	0.500	0.500	0.500

工作内容： 制、支、拆、修木模，人工拌和浇筑混凝土，养护等。　　　　**计量单位：** 100m

编号				11-2-42	11-2-43	11-2-44	11-2-45	11-2-46	11-2-47
项目				基础宽 490			基础宽 620		
				C15	C20	C25	C15	C20	C25
名称			单位	消耗量					
人工	000203000	综合二类工	工日	11.840	11.840	11.840	13.710	13.710	13.710
材料	040100002	水泥 32.5	t	1.370	1.580	1.850	1.730	1.990	2.340
	040305001	粗砂	t	2.640	2.490	2.190	3.340	3.160	2.770
	040501007	碎石 5～32	t	5.080	5.020	5.050	6.420	6.360	6.390
	050401005	板枋材 Ⅲ等	m^3	0.100	0.100	0.100	0.100	0.100	0.100
	850103006	其他材料费（占材料费）	%	0.500	0.500	0.500	0.500	0.500	0.500

工作内容：制、支、拆、修木模，人工拌和浇筑混凝土，养护等。 计量单位：100m

编号				11-2-48	11-2-49	11-2-50	11-2-51	11-2-52	11-2-53
项目				基础宽 880			基础宽 1140		
				C15	C20	C25	C15	C20	C25
名称			单位	消耗量					
人工	000203000	综合二类工	工日	16.460	16.460	16.460	18.250	18.250	18.250
材料	040100002	水泥 32.5	t	2.460	2.830	3.330	3.190	3.670	4.310
	040305001	粗砂	t	4.750	4.480	3.930	6.150	5.800	5.080
	040501007	碎石 5～32	t	9.120	9.010	9.070	11.810	11.690	11.750
	050401005	板枋材 Ⅲ等	m^3	0.110	0.110	0.110	0.120	0.120	0.120
	850103006	其他材料费（占材料费）	%	0.500	0.500	0.500	0.500	0.500	0.500

2. 塑料管道基础加筋

工作内容：钢筋调直，除锈，切断，成型，绑扎等。 计量单位：10 处

编号				11-2-54	11-2-55	11-2-56	11-2-57	11-2-58	11-2-59
项目				塑料管道基础加筋［人（手）孔窗口处］					
				基础宽 230	基础宽 360	基础宽 490	基础宽 620	基础宽 880	基础宽 1140
名称			单位	消耗量					
人工	000203000	综合二类工	工日	0.230	0.480	0.600	0.830	1.080	1.300
材料	010101008	热轧光圆钢筋 HPB300 $\phi 6$	kg	3.810	5.800	8.520	11.060	15.770	20.290
	010100014	钢筋 $\phi 10$	kg	29.550	39.400	59.100	68.950	98.500	118.200
	850103006	其他材料费（占材料费）	%	0.500	0.500	0.500	0.500	0.500	0.500

工作内容：钢筋调直，除锈，切断，成型，绑扎等。 计量单位：100m

编号				11-2-60	11-2-61	11-2-62	11-2-63	11-2-64	11-2-65
项目				塑料管道基础加筋［远离人（手）孔窗口处］					
				基础宽 230	基础宽 360	基础宽 490	基础宽 620	基础宽 880	基础宽 1140
名称			单位	消耗量					
人工	000203000	综合二类工	工日	0.750	1.480	1.900	2.630	3.430	4.150
材料	010101008	热轧光圆钢筋 HPB300 $\phi 6$	kg	23.830	36.310	53.320	69.210	98.700	127.060
	010100014	钢筋 $\phi 10$	kg	188.810	251.740	377.610	440.540	629.340	755.210
	850103006	其他材料费（占材料费）	%	0.500	0.500	0.500	0.500	0.500	0.500

三、铺设水泥管道

工作内容：清刷水泥管，抬运、铺设水泥管，试通，抹接口，抹八字，填中缝，抹边（顶）缝，养护，试通等。

计量单位：100m

编　　号				11-2-66	11-2-67	11-2-68	11-2-69
项　　目				铺设水泥管道			
				三孔管	四孔管	一立型	一平型
名　　称			单位	消　耗　量			
人工	000203000	综合二类工	工日	6.880	7.640	8.640	9.450
材料	290633001	线缆水泥管（3 孔）	根	（167.000）	—	—	—
	290633002	线缆水泥管（4 孔）	根	—	（167.000）	—	—
	290633003	线缆水泥管（6 孔）	根	—	—	（167.000）	（167.000）
	040100002	水泥 32.5	t	0.370	0.390	0.410	0.480
	040305001	粗砂	t	1.310	1.330	1.400	1.640
	341101001	水	m^3	5.250	5.250	5.250	5.250
	850103006	其他材料费（占材料费）	%	0.500	0.500	0.500	0.500

工作内容：清刷水泥管，抬运、铺设水泥管，试通，抹接口，抹八字，填中缝，抹边（顶）缝，养护，试通等。

计量单位：100m

编　　号				11-2-70	11-2-71	11-2-72
项　　目				铺设水泥管道		
				二立型	二平型	三立型
名　　称			单位	消　耗　量		
人工	000203000	综合二类工	工日	16.420	17.940	23.800
材料	290633003	线缆水泥管（6 孔）	根	（334.000）	（334.000）	（501.000）
	040100002	水泥 32.5	t	0.810	0.950	1.220
	040305001	粗砂	t	2.970	3.280	4.190
	341101001	水	m^3	5.250	5.250	5.250
	850103006	其他材料费（占材料费）	%	0.500	0.500	0.500

工作内容：清刷水泥管，抬运、铺设水泥管，试通，抹接口，抹八字，填中缝，抹边（顶）缝，养护，试通等。

计量单位：100m

编　　号				11-2-73	11-2-74	11-2-75	11-2-76
项　　目				铺设水泥管道			
				三平型	四立 A 型	四平 A 型	四立 B 型
名　　称			单位	消　耗　量			
人工	000203000	综合二类工	工日	26.000	31.190	34.080	29.390
材料	290633002	线缆水泥管（4 孔）	根	—	—	—	（334.000）
	290633003	线缆水泥管（6 孔）	根	（501.000）	（668.000）	（668.000）	（334.000）
	040100002	水泥 32.5	t	1.430	1.620	1.910	1.580
	040305001	粗砂	t	4.920	5.580	6.560	5.450
	341101001	水	m^3	5.250	5.250	5.250	5.250
	850103006	其他材料费（占材料费）	%	0.500	0.500	0.500	0.500

工作内容： 清刷水泥管，抬运、铺设水泥管，试通，抹接口，抹八字，填中缝，抹边（顶）缝，养护，试通等。

计量单位： 100m

编号				11-2-77	11-2-78	11-2-79	11-2-80
项目				铺设水泥管道			
				四平 B 型	六立型	六平型	八立型
		名称	单位	消耗量			
人工	000203000	综合二类工	工日	30.840	45.230	49.400	59.260
材料	290633002	线缆水泥管（4 孔）	根	（334.000）	—	—	—
	290633003	线缆水泥管（6 孔）	根	（334.000）	（1002.000）	（1002.000）	（1336.000）
	040100002	水泥 32.5	t	1.730	2.440	2.860	3.250
	040305001	粗砂	t	5.940	8.380	9.850	11.170
	341101001	水	m^3	5.250	5.250	5.250	5.250
	850103006	其他材料费（占材料费）	%	0.500	0.500	0.500	0.500

工作内容： 清刷水泥管，抬运、铺设水泥管，试通，抹接口，抹八字，填中缝，抹边（顶）缝，养护，试通等。

计量单位： 100m

编号				11-2-81	11-2-82	11-2-83	11-2-84
项目				铺设水泥管道			
				八平型	九立型	十平型	十二立型
		名称	单位	消耗量			
人工	000203000	综合二类工	工日	64.670	65.560	79.300	85.930
材料	290633003	线缆水泥管（6 孔）	根	（1336.000）	（1503.000）	（1670.000）	（2004.000）
	040100002	水泥 32.5	t	3.820	3.650	4.770	4.870
	040305001	粗砂	t	13.130	12.560	16.410	16.750
	341101001	水	m^3	5.250	5.250	5.250	5.250
	850103006	其他材料费（占材料费）	%	0.500	0.500	0.500	0.500

四、铺设塑料管道（包括硬管、波纹管、栅格管、蜂窝管）

工作内容： 支架加工，绑扎，锉管内口，铺设塑料管，接续塑料管，试通等。

计量单位： 100m

编号				11-2-85	11-2-86	11-2-87
项目				敷设塑料管道		
				1 孔	2 孔（2×1）	3 孔（3×1）
		名称	单位	消耗量		
人工	000203000	综合二类工	工日	1.200	1.750	2.600
材料	172511003	聚乙烯管	m	（101.000）	（202.000）	（303.000）
	341101001	水	m^3	5.250	5.250	5.250
	850103006	其他材料费（占材料费）	%	0.500	0.500	0.500

工作内容：支架加工，绑扎，锉管内口，铺设塑料管，接续塑料管，试通等。 **计量单位：**100m

编号				11-2-88	11-2-89	11-2-90	11-2-91
项目				敷设塑料管道			
				4孔（4×1）	4孔（2×2）	6孔（6×1）	6孔（3×2）
名称			单位	消耗量			
人工	000203000	综合二类工	工日	4.960	5.380	7.410	8.070
材料	172511003	聚乙烯管	m	（404.000）	（404.000）	（606.000）	（606.000）
	341101001	水	m^3	5.250	5.250	5.250	5.250
	850103006	其他材料费（占材料费）	%	0.500	0.500	0.500	0.500

工作内容：支架加工，绑扎，锉管内口，铺设塑料管，接续塑料管，试通等。 **计量单位：**100m

编号				11-2-92	11-2-93
项目				敷设塑料管道	
				9孔（3×3）	12孔（3×4）（4×3）（6×2）
名称			单位	消耗量	
人工	000203000	综合二类工	工日	10.000	11.250
材料	172511003	聚乙烯管	m	（909.000）	（1212.000）
	341101001	水	m^3	5.250	5.250
	850103006	其他材料费（占材料费）	%	0.500	0.500

工作内容：支架加工，绑扎，锉管内口，铺设塑料管，接续塑料管，试通等。 **计量单位：**100m

编号				11-2-94	11-2-95
项目				敷设塑料管道	
				18孔（6×3）	24孔（6×4）（8×3）
名称			单位	消耗量	
人工	000203000	综合二类工	工日	13.190	17.570
材料	172511003	聚乙烯管	m	（1818.000）	（2424.000）
	341101001	水	m^3	5.250	5.250
	850103006	其他材料费（占材料费）	%	0.500	0.500

五、敷设硅芯管道

1. 人工敷设硅芯管

工作内容：外观检查，检查气压，配盘，清沟抄平，人工抬放塑管，外观复查，塑管接续，整理排列绑扎塑管，封堵端头等。

计量单位：100m

编号				11-2-96	11-2-97	11-2-98	11-2-99
项目				人工敷设硅芯管			
				1孔	2孔	3孔	4孔
名称			单位	消耗量			
人工	000203000	综合二类工	工日	2.330	4.340	6.710	8.660
材料	172500002	塑料管（综合）	m	（101.000）	（202.000）	（303.000）	（404.000）
	183109002	固定堵头	个	1.010	2.020	3.030	4.040
	021301001	尼龙扎带（综合）	根	—	50.500	50.500	50.500
	341101001	水	m^3	5.250	5.250	5.250	5.250
	850103006	其他材料费（占材料费）	%	0.500	0.500	0.500	0.500

工作内容：外观检查，检查气压，配盘，清沟抄平，人工抬放塑管，外观复查，塑管接续，整理排列绑扎塑管，封堵端头等。

计量单位：100m

编号				11-2-100	11-2-101	11-2-102
项目				人工敷设硅芯管		
				6孔	8孔	12孔
名称			单位	消耗量		
人工	000203000	综合二类工	工日	12.960	16.850	25.030
材料	172500002	塑料管（综合）	m	（606.000）	（808.000）	（1212.000）
	183109002	固定堵头	个	6.060	8.080	12.120
	021301001	尼龙扎带（综合）	根	50.500	50.500	50.500
	341101001	水	m^3	5.250	5.250	5.250
	850103006	其他材料费（占材料费）	%	0.500	0.500	0.500

2. 硅芯管试通

工作内容：1. 硅芯管试通：试通准备，开机试通，记录、整理资料等。
2. 硅芯管道充气试验：试验准备，充气试验等。　　计量单位：孔千米

编　号				11-2-103	11-2-104
项　目				硅芯管试通	硅芯管充气试验
名　称			单位	消　耗　量	
人工	000203000	综合二类工	工日	1.260	0.760
材料	180913002	塑料管充气堵头	个	—	2.020
	850103006	其他材料费（占材料费）	%	—	0.500
机械	991247010	气流敷设设备 含空压机	台班	0.080	—
	990401020	载重汽车 5t	台班	0.080	0.120
	991004020	内燃空气压缩机 $6m^3/min$	台班	—	0.120

六、铺设镀锌钢管管道

工作内容：锉管内口，铺设钢管，处理，试通等。　　计量单位：100m

编　号				11-2-105	11-2-106	11-2-107
项　目				敷设镀锌钢管管道		
				1孔	2孔（2×1）	3孔（3×1）
名　称			单位	消　耗　量		
人工	000203000	综合二类工	工日	1.430	2.110	3.130
材料	170301002	镀锌钢管 *DN*80～114	m	（102.000）	（204.000）	（306.000）
	182519005	管箍 *DN*25	个	20.000	40.000	60.000
	341101001	水	m^3	5.250	5.250	5.250
	850103006	其他材料费（占材料费）	%	0.500	0.500	0.500

工作内容：锉管内口，铺设钢管，处理，试通等。　　计量单位：100m

编　号				11-2-108	11-2-109	11-2-110
项　目				敷设镀锌钢管管道		
				4孔（2×2）	6孔（3×2）	9孔（3×3）
名　称			单位	消　耗　量		
人工	000203000	综合二类工	工日	4.170	5.940	8.620
材料	170301002	镀锌钢管 *DN*80～114	m	（408.000）	（612.000）	（918.000）
	182519005	管箍 *DN*25	个	80.000	120.000	180.000
	341101001	水	m^3	5.250	5.250	5.250
	011301009	扁钢 50×5	kg	12.940	19.400	38.810
	850103006	其他材料费（占材料费）	%	0.500	0.500	0.500

工作内容：锉管内口，铺设钢管，处理，试通等。 计量单位：100m

编号				11-2-111	11-2-112	11-2-113
项目				敷设镀锌钢管管道		
				12 孔（4×3）	18 孔（6×3）	24 孔（6×4）
名称			单位	消耗量		
人工	000203000	综合二类工	工日	11.280	16.360	21.440
材料	170301002	镀锌钢管 *DN*80～114	m	（1224.000）	（1836.000）	（2448.000）
	182519005	管箍 *DN*25	个	240.000	360.000	480.000
	011301009	扁钢 50×5	kg	51.740	77.620	116.420
	341101001	水	m^3	5.250	5.250	5.250
	850103006	其他材料费（占材料费）	%	0.500	0.500	0.500

七、地下定向钻孔敷管

工作内容：设备就位，现场组装，检验管材，打磨内口，（管材接续），挖（填）工作坑，测位钻孔，回拖扩孔，敷设管材，封堵管口，整理资料等。 计量单位：见表

编号				11-2-114	11-2-115	11-2-116	11-2-117	11-2-118	11-2-119
项目				地下定向钻孔敷管					
				钻孔孔径ϕ120mm以下		钻孔孔径ϕ240mm以下		钻孔孔径ϕ360mm以下	
				30m以下	每增10m	30m以下	每增10m	30m以下	每增10m
单位				处	10m	处	10m	处	10m
名称			单位	消耗量					
人工	000203000	综合二类工	工日	10.620	2.130	14.220	2.840	19.280	3.860
材料	170000002	管材	m	（36.360）	（12.120）	（36.360）	（12.120）	（36.360）	（12.120）
	183109004	机械式管口堵头	个	2.020	—	2.020	—	2.020	—
	850103006	其他材料费（占材料费）	%	0.500	—	0.500	—	0.500	—
机械	991137010	微控钻孔敷管设备 25t 以下	台班	1.070	0.210	1.500	0.300	2.100	0.420
	990401020	载重汽车 5t	台班	1.000	0.200	1.400	0.280	1.960	0.390
	990304004	汽车式起重机 8t	台班	1.000	0.200	1.400	0.280	1.960	0.390

工作内容： 设备就位，现场组装，检验管材，打磨内口，（管材接续），挖（填）工作坑，测位钻孔，回拖扩孔，敷设管材，封堵管口，整理资料等。

计量单位： 见表

编号				11-2-120	11-2-121	11-2-122	11-2-123
项目				地下定向钻孔敷管			
				钻孔孔径ϕ600mm 以下		钻孔孔径ϕ840mm 以下	
				30m 以下	每增 10m	30m 以下	每增 10m
单位				处	10m	处	10m
		名称	单位	消耗量			
人工	000203000	综合二类工	工日	26.250	5.250	39.670	7.930
材料	170000002	管材	m	（36.360）	（12.120）	（36.360）	（12.120）
	183109004	机械式管口堵头	个	2.020	—	2.020	—
	850103006	其他材料费（占材料费）	%	0.500	—	0.500	—
机械	991137020	微控钻孔敷管设备 25t 以上	台班	2.940	0.590	4.120	0.820
	990401020	载重汽车 5t	台班	2.740	0.550	3.840	0.770
	990304004	汽车式起重机 8t	台班	2.740	0.550	3.840	0.770

八、管道填充水泥沙浆、混凝土包封

工作内容： 1. 管道填充水泥砂浆：拌和、填充水泥砂浆，养护等。
2. 管道混凝土包封：制、支、拆模板，洗刷管身基础及模板，浇筑混凝土，养护等。

计量单位： m^3

编号				11-2-124	11-2-125	11-2-126	11-2-127	11-2-128	11-2-129
项目				填充水泥砂浆		管道混凝土包封			
				M7.5	M10	C15	C20	C25	C30
		名称	单位	消耗量					
人工	000203000	综合二类工	工日	1.260	1.260	2.500	2.500	2.500	2.500
材料	040100002	水泥 32.5	t	0.250	0.290	0.310	0.370	0.430	—
	040305001	粗砂	t	1.420	1.410	0.710	0.650	0.590	0.620
	040501007	碎石 5～32	t	—	—	1.340	1.340	1.330	1.340
	050401005	板枋材 Ⅲ等	m^3	—	—	0.060	0.060	0.060	0.060
	040100005	水泥 42.5	t	—	—	—	—	—	0.400
	850103006	其他材料费（占材料费）	%	0.500	0.500	0.500	0.500	0.500	0.500

九、砌筑人（手）孔

1. 砖砌人（手）孔

（1）现场浇筑上覆

工作内容：找平、夯实，制、支、拆模板，砌砖，人孔内外壁抹灰、抹八字，安装电缆支架，绑扎、置放钢筋，浇筑混凝土，安装拉力环、积水罐和人孔口圈，养护等。 **计量单位：**个

编号				11-2-130	11-2-131	11-2-132
项目				砖砌人孔（现场浇筑上覆）		
				小号直通型	小号三通型	小号四通型
名称			单位	消耗量		
人工	000203000	综合二类工	工日	12.200	15.990	19.320
材料	040100002	水泥 32.5	t	1.140	1.620	1.660
	040305001	粗砂	t	3.340	4.710	4.700
	040501007	碎石 5～32	t	2.090	3.070	3.170
	041301003	标准砖 240×115×53	千块	1.830	2.560	2.600
	010100014	钢筋 $\phi10$	kg	1.760	5.290	5.290
	010100016	钢筋 $\phi12$	kg	33.550	39.980	42.110
	010100017	钢筋 $\phi14$	kg	28.780	50.120	51.800
	050401005	板枋材 Ⅲ等	m^3	0.030	0.040	0.050
	292711005	电缆人孔口圈（车行道用）	套	1.010	1.010	1.010
	290299002	电缆托架 120cm	根	4.040	5.050	4.040
	290299004	电缆托架穿钉 M16	根	8.080	20.200	22.220
	331113001	积水罐	套	1.010	1.010	1.010
	292111009	拉力环	个	2.020	3.030	4.040
	341101001	水	m^3	3.150	3.150	3.150
	010100018	钢筋 $\phi16$	kg	—	12.230	13.220
	290299001	电缆托架 60cm	根	—	5.050	7.070
	850103006	其他材料费（占材料费）	%	0.500	0.500	0.500

工作内容：找平、夯实，制、支、拆模板，砌砖，人孔内外壁抹灰、抹八字，安装电缆支架，绑扎、置放钢筋，浇筑混凝土，安装拉力环、积水罐和人孔口圈，养护等。　**计量单位**：个

编　号				11-2-133	11-2-134	11-2-135
项　目				砖砌人孔（现场浇筑上覆）		
				小号 15°斜通型	小号 30°斜通型	小号 45°斜通型
		名　称	单位	消　耗　量		
人工	000203000	综合二类工	工日	12.730	13.100	13.560
材料	040305001	粗砂	t	3.450	—	—
	040100002	水泥 32.5	t	1.170	1.230	1.290
	040305002	粗砂	m^3	—	3.600	3.770
	040501007	碎石 5～32	t	2.160	2.320	2.730
	041301003	标准砖 240×115×53	千块	1.900	1.960	2.040
	010100014	钢筋 ϕ10	kg	1.760	1.760	4.410
	010100016	钢筋 ϕ12	kg	57.130	56.470	27.700
	010100017	钢筋 ϕ14	kg	8.390	8.690	46.360
	050401005	板枋材 Ⅲ等	m^3	0.030	0.030	0.030
	292711005	电缆人孔口圈（车行道用）	套	1.010	1.010	1.010
	290299002	电缆托架 120cm	根	5.050	6.060	6.060
	290299004	电缆托架穿钉 M16	根	10.100	12.120	12.120
	331113001	积水罐	套	1.010	2.020	2.020
	292111009	拉力环	个	2.020	2.020	3.030
	341101001	水	m^3	3.150	3.150	3.150
	010100018	钢筋 ϕ16	kg	—	—	10.970
	850103006	其他材料费（占材料费）	%	0.500	0.500	0.500

工作内容：找平、夯实，制、支、拆模板，砌砖，人孔内外壁抹灰、抹八字，安装电缆支架，绑扎、置放钢筋，浇筑混凝土，安装拉力环、积水罐和人孔口圈，养护等。　**计量单位**：个

编　号				11-2-136	11-2-137
项　目				砖砌人孔（现场浇筑上覆）	
				小号 60°斜通型	小号 75°斜通型
		名　称	单位	消　耗　量	
人工	000203000	综合二类工	工日	14.380	15.530
材料	040100002	水泥 32.5	t	1.400	1.430
	040305002	粗砂	m^3	4.030	4.100
	040501007	碎石 5～32	t	2.720	2.770
	041301003	标准砖 240×115×53	千块	2.140	2.180
	010100014	钢筋 ϕ10	kg	5.290	5.290
	010100016	钢筋 ϕ12	kg	34.410	35.090
	010100017	钢筋 ϕ14	kg	46.160	45.130
	050401005	板枋材 Ⅲ等	m^3	0.040	0.040
	292711005	电缆人孔口圈（车行道用）	套	1.010	1.010
	290299002	电缆托架 120cm	根	6.060	7.070
	290299004	电缆托架穿钉 M16	根	12.120	14.140
	331113001	积水罐	套	2.020	2.020
	292111009	拉力环	个	4.040	2.020
	341101001	水	m^3	3.150	3.150
	010100018	钢筋 ϕ16	kg	11.040	11.230
	850103006	其他材料费（占材料费）	%	0.500	0.500

工作内容： 找平、夯实，制、支、拆模板，砌砖，人孔内外壁抹灰、抹八字，安装电缆支架，绑扎、置放钢筋，浇筑混凝土，安装拉力环、积水罐和人孔口圈，养护等。 **计量单位：** 个

编号				11-2-138	11-2-139	11-2-140
项目				砖砌人孔（现场浇筑上覆）		
				中号直通型	中号三通型	中号四通型
名称			单位	消耗量		
人工	000203000	综合二类工	工日	13.600	24.500	25.250
材料	040100002	水泥 32.5	t	1.410	2.390	2.450
	040305002	粗砂	m^3	3.540	7.400	7.580
	040501007	碎石 5～32	t	2.890	4.480	4.680
	041301003	标准砖 240×115×53	千块	2.080	4.710	4.790
	010100014	钢筋 ϕ10	kg	1.760	6.170	6.170
	010100016	钢筋 ϕ12	kg	40.160	44.710	48.330
	010100017	钢筋 ϕ14	kg	35.820	66.710	67.620
	050401005	板枋材 Ⅲ等	m^3	0.040	0.060	0.060
	292711005	电缆人孔口圈（车行道用）	套	1.010	1.010	1.010
	290299002	电缆托架 120cm	根	6.060	7.070	6.060
	290299004	电缆托架穿钉 M16	根	12.120	26.260	28.280
	331113001	积水罐	套	1.010	1.010	1.010
	292111009	拉力环	个	2.020	3.030	4.040
	341101001	水	m^3	3.150	3.150	3.150
	010100018	钢筋 ϕ16	kg	—	12.890	13.880
	290299001	电缆托架 60cm	根	—	6.060	8.080
	850103006	其他材料费（占材料费）	%	0.500	0.500	0.500

工作内容：找平、夯实，制、支、拆模板，砌砖，人孔内外壁抹灰、抹八字，安装电缆支架，绑扎、置放钢筋，浇筑混凝土，安装拉力环、积水罐和人孔口圈，养护等。 **计量单位：**个

编号				11-2-141	11-2-142	11-2-143
项目				砖砌人孔（现场浇筑上覆）		
				中号 15°斜通型	中号 30°斜通型	中号 45°斜通型
名称			单位	消耗量		
人工	000203000	综合二类工	工日	13.800	14.370	15.690
材料	040305001	粗砂	t	—	4.380	4.640
	040100002	水泥 32.5	t	1.400	1.540	1.640
	040305002	粗砂	m^3	4.240	—	—
	040501007	碎石 5～32	t	3.080	3.220	3.430
	041301003	标准砖 240×115×53	千块	2.160	2.220	2.350
	010100014	钢筋 ϕ10	kg	1.760	1.760	5.290
	010100016	钢筋 ϕ12	kg	66.480	69.740	40.040
	010100017	钢筋 ϕ14	kg	9.230	9.380	48.640
	050401005	板枋材 Ⅲ等	m^3	0.050	0.050	0.050
	292711005	电缆人孔口圈（车行道用）	套	1.010	1.010	1.010
	290299002	电缆托架 120cm	根	6.060	8.080	8.080
	290299004	电缆托架穿钉 M16	根	12.120	16.160	16.160
	331113001	积水罐	套	1.010	1.010	1.010
	292111009	拉力环	个	2.020	2.020	2.020
	341101001	水	m^3	3.150	3.150	3.150
	010100018	钢筋 ϕ16	kg	—	—	11.850
	850103006	其他材料费（占材料费）	%	0.500	0.500	0.500

工作内容： 找平、夯实，制、支、拆模板，砌砖，人孔内外壁抹灰、抹八字，安装电缆支架，绑扎、置放钢筋，浇筑混凝土，安装拉力环、积水罐和人孔口圈，养护等。　　**计量单位：** 个

编　号				11-2-144	11-2-145
项　目				砖砌人孔（现场浇筑上覆）	
				中号 60°斜通型	中号 75°斜通型
名　称			单位	消　耗　量	
人工	000203000	综合二类工	工日	18.000	20.180
材料	040100002	水泥 32.5	t	2.060	2.050
	040305001	粗砂	t	6.270	8.240
	040501007	碎石 5～32	t	4.080	4.060
	041301003	标准砖 240×115×53	千块	3.880	3.850
	010100014	钢筋 ϕ10	kg	5.290	5.290
	010100016	钢筋 ϕ12	kg	42.750	43.240
	010100017	钢筋 ϕ14	kg	56.060	55.720
	050401005	板枋材 Ⅲ等	m^3	0.060	0.060
	292711005	电缆人孔口圈（车行道用）	套	1.010	1.010
	290299002	电缆托架 120cm	根	7.070	8.080
	290299004	电缆托架穿钉 M16	根	14.140	16.160
	331113001	积水罐	套	1.010	1.010
	292111009	拉力环	个	2.020	2.020
	341101001	水	m^3	3.150	3.150
	010100018	钢筋 ϕ16	kg	12.450	13.000
	850103006	其他材料费（占材料费）	%	0.500	0.500

工作内容：找平、夯实，制、支、拆模板，砌砖，人孔内外壁抹灰、抹八字，安装电缆支架，绑扎、置放钢筋，浇筑混凝土，安装拉力环、积水罐和人孔口圈，养护等。　**计量单位：**个

编　号				11-2-146	11-2-147	11-2-148
项　目				砖砌人孔（现场浇筑上覆）		
				大号直通型	大号三通型	大号四通型
名　称			单位	消　耗　量		
人工	000203000	综合二类工	工日	22.440	28.160	28.750
材料	040100002	水泥 32.5	t	2.200	3.030	3.080
	040305001	粗砂	t	6.820	9.310	9.860
	040501007	碎石 5～32	t	4.200	5.730	5.870
	041301003	标准砖 240 × 115 × 53	千块	4.310	5.930	6.000
	010100014	钢筋 ϕ10	kg	5.290	6.170	6.170
	010100016	钢筋 ϕ12	kg	42.500	72.030	71.460
	010100017	钢筋 ϕ14	kg	18.280	62.480	64.520
	010100018	钢筋 ϕ16	kg	13.220	42.300	43.270
	010100019	钢筋 ϕ18	kg	65.280	—	—
	050401005	板枋材 Ⅲ等	m^3	0.070	0.090	0.090
	292711005	电缆人孔口圈（车行道用）	套	1.010	2.020	2.020
	290299002	电缆托架 120cm	根	6.060	—	—
	290299004	电缆托架穿钉 M16	根	12.120	26.260	28.280
	331113001	积水罐	套	1.010	1.010	1.010
	292111009	拉力环	个	2.020	3.030	4.040
	341101001	水	m^3	3.150	3.150	3.150
	290299003	电缆托架 180cm	根	—	7.070	6.060
	290299001	电缆托架 60cm	根	—	6.060	8.080
	850103006	其他材料费（占材料费）	%	0.500	0.500	0.500

工作内容： 找平、夯实，制、支、拆模板，砌砖，人孔内外壁抹灰、抹八字，安装电缆支架，绑扎、置放钢筋，浇筑混凝土，安装拉力环、积水罐和人孔口圈，养护等。 **计量单位：** 个

编号				11-2-149	11-2-150	11-2-151
项目				砖砌人孔（现场浇筑上覆）		
				大号 15°斜通型	大号 30°斜通型	大号 45°斜通型
名称			单位	消耗量		
人工	000203000	综合二类工	工日	21.200	26.250	28.160
材料	040100002	水泥 32.5	t	2.290	2.460	2.690
	040305001	粗砂	t	7.000	7.580	7.920
	040501007	碎石 5～32	t	4.400	4.700	4.950
	041301003	标准砖 240×115×53	千块	4.420	4.790	4.990
	010100014	钢筋 $\phi10$	kg	5.290	4.410	4.410
	010100016	钢筋 $\phi12$	kg	44.580	65.230	68.580
	010100017	钢筋 $\phi14$	kg	50.170	43.990	47.870
	010100018	钢筋 $\phi16$	kg	13.220	27.170	26.750
	010100019	钢筋 $\phi18$	kg	—	15.910	15.910
	050401005	板枋材 Ⅲ等	m^3	0.060	0.070	0.070
	292711005	电缆人孔口圈（车行道用）	套	1.010	2.020	2.020
	290299002	电缆托架 120cm	根	7.070	8.080	8.080
	290299004	电缆托架穿钉 M16	根	14.140	16.160	16.160
	331113001	积水罐	套	1.010	1.010	1.010
	292111009	拉力环	个	2.020	2.020	2.020
	341101001	水	m^3	3.150	3.150	3.150
	850103006	其他材料费（占材料费）	%	0.500	0.500	0.500

工作内容： 找平、夯实，制、支、拆模板，砌砖，人孔内外壁抹灰、抹八字，安装电缆支架，绑扎、置放钢筋，浇筑混凝土，安装拉力环、积水罐和人孔口圈，养护等。　**计量单位：个**

编号				11-2-152	11-2-153
项目				砖砌人孔（现场浇筑上覆）	
				大号 60°斜通型	大号 75°斜通型
名称			单位	消耗量	
人工	000203000	综合二类工	工日	29.940	31.750
材料	040100002	水泥 32.5	t	2.690	2.770
	040305001	粗砂	t	8.230	8.380
	040501007	碎石 5～32	t	5.210	5.390
	041301003	标准砖 240×115×53	千块	5.150	5.210
	010100014	钢筋 $\phi10$	kg	5.290	5.290
	010100016	钢筋 $\phi12$	kg	68.190	70.710
	010100017	钢筋 $\phi14$	kg	44.390	48.050
	010100018	钢筋 $\phi16$	kg	26.720	27.270
	010100019	钢筋 $\phi18$	kg	32.640	32.640
	050401005	板枋材 Ⅲ等	m^3	0.080	0.080
	292711005	电缆人孔口圈（车行道用）	套	2.020	2.020
	290299002	电缆托架 120cm	根	9.090	9.090
	290299004	电缆托架穿钉 M16	根	18.180	18.180
	331113001	积水罐	套	1.010	1.010
	292111009	拉力环	个	2.020	2.020
	341101001	水	m^3	3.150	3.150
	850103006	其他材料费（占材料费）	%	0.500	0.500

工作内容： 找平、夯实，制、支、拆模板，砌砖，人孔内外壁抹灰、抹八字，安装电缆支架，绑扎、置放钢筋，浇筑混凝土，安装拉力环、积水罐和人孔口圈，养护等。　**计量单位：个**

编号				11-2-154	11-2-155	11-2-156
项目				砖砌手孔（现场浇筑上覆）		
				70×90	90×120	120×170
名称			单位	消耗量		
人工	000203000	综合二类工	工日	6.920	7.900	9.900
材料	040100002	水泥 32.5	t	0.430	0.530	0.870
	040305001	粗砂	t	1.140	1.380	2.180
	040305002	粗砂	m^3	1.140	1.380	2.180
	040501007	碎石 5～32	t	0.610	0.720	1.270
	041301003	标准砖 240×115×53	千块	0.670	0.830	1.270
	010901014	圆钢 $\phi10$	kg	1.760	1.760	1.760
	010901015	圆钢 $\phi12$	kg	10.760	13.410	46.240
	010901016	圆钢 $\phi14$	kg	11.350	13.820	7.650
	050401005	板枋材 Ⅲ等	m^3	0.010	0.010	0.020
	292711005	电缆人孔口圈（车行道用）	套	1.010	1.010	1.010
	290299001	电缆托架 60cm	根	4.040	4.040	4.040
	290299004	电缆托架穿钉 M16	根	8.080	8.080	8.080
	331113001	积水罐	套	1.010	1.010	1.010
	292111009	拉力环	个	2.020	2.020	3.030
	341101001	水	m^3	1.050	1.050	1.050
	850103006	其他材料费（占材料费）	%	0.500	0.500	0.500

（2）现场吊装上覆

工作内容：找平、夯实，制、支、拆模板，砌砖，抹内外壁、抹八字，养护；人孔上覆的吊装，垫砂浆、就位、找平、灌浆，抹八字，安装拉力环、积水罐和人孔口圈等。 **计量单位：**个

编号				11-2-157	11-2-158	11-2-159
项目				砖砌人孔（现场吊装上覆）		
				小号直通型	小号三通型	小号四通型
名称			单位	消耗量		
人工	000203000	综合二类工	工日	9.950	13.430	13.730
材料	040100002	水泥 32.5	t	0.790	1.100	1.120
	040305001	粗砂	t	2.880	4.000	3.990
	040501007	碎石 5～32	t	1.000	1.390	1.440
	041301003	标准砖 240×115×53	千块	1.830	2.560	2.600
	330707001	上覆板	套	1.010	1.010	1.010
	050401005	板枋材 Ⅲ等	m^3	0.010	0.020	0.020
	292711005	电缆人孔口圈（车行道用）	套	1.010	1.010	1.010
	290299002	电缆托架 120cm	根	4.040	5.050	4.040
	290299004	电缆托架穿钉 M16	根	8.080	20.200	22.220
	331113001	积水罐	套	1.010	1.010	1.010
	292111009	拉力环	个	2.020	3.030	4.040
	341101001	水	m^3	3.150	3.150	3.150
	290299001	电缆托架 60cm	根	—	5.050	7.070
	850103006	其他材料费（占材料费）	%	0.500	0.500	0.500
机械	990304004	汽车式起重机 8t	台班	0.130	0.150	0.150
	990401030	载重汽车 8t	台班	0.130	0.150	0.150

工作内容：找平、夯实，制、支、拆模板，砌砖，抹内外壁、抹八字，养护；人孔上覆的吊装，垫砂浆、就位、找平、灌浆，抹八字，安装拉力环、积水罐和人孔口圈等。 **计量单位：**个

编号				11-2-160	11-2-161	11-2-162
项目				砖砌人孔（现场吊装上覆）		
				小号 15°斜通型	小号 30°斜通型	小号 45°斜通型
名称			单位	消耗量		
人工	000203000	综合二类工	工日	10.150	10.780	11.110
材料	040100002	水泥 32.5	t	0.820	0.850	0.890
	040305001	粗砂	t	3.010	3.090	3.230
	040501007	碎石 5～32	t	1.040	1.090	1.430
	041301003	标准砖 240×115×53	千块	1.900	1.960	2.040
	330707001	上覆板	套	1.010	1.010	1.010
	050401005	板枋材 Ⅲ等	m^3	0.010	0.010	0.010
	292711005	电缆人孔口圈（车行道用）	套	1.010	1.010	1.010
	290299002	电缆托架 120cm	根	5.050	6.060	6.060
	290299004	电缆托架穿钉 M16	根	10.100	12.120	12.120
	331113001	积水罐	套	1.010	1.010	1.010
	292111009	拉力环	个	2.020	2.020	2.020
	341101001	水	m^3	3.150	3.150	3.150
	850103006	其他材料费（占材料费）	%	0.500	0.500	0.500
机械	990304004	汽车式起重机 8t	台班	0.130	0.130	0.130
	990401030	载重汽车 8t	台班	0.130	0.130	0.130

工作内容：找平、夯实，制、支、拆模板，砌砖，抹内外壁、抹八字，养护；人孔上覆的吊装，垫砂浆、就位、找平、灌浆，抹八字，安装拉力环、积水罐和人孔口圈等。　　**计量单位：**个

编　号				11-2-163	11-2-164
项　目				砖砌人孔（现场吊装上覆）	
				小号 60°斜通型	小号 75°斜通型
名　称			单位	消　耗　量	
人工	000203000	综合二类工	工日	11.670	12.590
材料	040100002	水泥 32.5	t	0.940	0.960
	040305001	粗砂	t	3.410	3.470
	040501007	碎石 5～32	t	1.270	1.260
	041301003	标准砖 240×115×53	千块	2.140	2.180
	330707001	上覆板	套	1.010	1.010
	050401005	板枋材 Ⅲ等	m^3	0.010	0.020
	292711005	电缆人孔口圈（车行道用）	套	1.010	1.010
	290299002	电缆托架 120cm	根	6.060	7.070
	290299004	电缆托架穿钉 M16	根	12.120	14.140
	331113001	积水罐	套	1.010	1.010
	292111009	拉力环	个	2.020	2.020
	341101001	水	m^3	3.150	3.150
	850103006	其他材料费（占材料费）	%	0.500	0.500
机械	990304004	汽车式起重机 8t	台班	0.130	0.130
	990401030	载重汽车 8t	台班	0.130	0.130

工作内容：找平、夯实，制、支、拆模板，砌砖，抹内外壁、抹八字，养护；人孔上覆的吊装，垫砂浆、就位、找平、灌浆，抹八字，安装拉力环、积水罐和人孔口圈等。　　**计量单位：**个

编　号				11-2-165	11-2-166	11-2-167
项　目				砖砌人孔（现场吊装上覆）		
				中号直通型	中号三通型	中号四通型
名　称			单位	消　耗　量		
人工	000203000	综合二类工	工日	13.590	20.650	21.740
材料	040100002	水泥 32.5	t	0.980	1.750	1.800
	040305001	粗砂	t	3.460	6.540	6.700
	040501007	碎石 5～32	t	1.490	2.420	2.550
	041301003	标准砖 240×115×53	千块	2.080	4.710	4.790
	330707001	上覆板	套	1.010	1.010	1.010
	050401005	板枋材 Ⅲ等	m^3	0.020	0.030	0.030
	292711005	电缆人孔口圈（车行道用）	套	1.010	1.010	1.010
	290299002	电缆托架 120cm	根	6.060	7.070	6.060
	290299004	电缆托架穿钉 M16	根	12.120	26.260	28.280
	331113001	积水罐	套	1.010	1.010	1.010
	292111009	拉力环	个	2.020	3.030	4.040
	341101001	水	m^3	3.150	3.150	3.150
	290299001	电缆托架 60cm	根	—	6.060	8.080
	850103006	其他材料费（占材料费）	%	0.500	0.500	0.500
机械	990304004	汽车式起重机 8t	台班	0.130	0.180	0.180
	990401030	载重汽车 8t	台班	0.130	0.180	0.180

工作内容：找平、夯实，制、支、拆模板，砌砖，抹内外壁、抹八字，养护；人孔上覆的吊装，垫砂浆、就位、找平、灌浆，抹八字，安装拉力环、积水罐和人孔口圈等。 计量单位：个

编号				11-2-168	11-2-169	11-2-170
项目				砖砌人孔（现场吊装上覆）		
				中号 15°斜通型	中号 30°斜通型	中号 45°斜通型
名称			单位	消耗量		
人工	000203000	综合二类工	工日	13.410	14.340	14.980
材料	040100002	水泥 32.5	t	1.090	1.050	1.120
	040305001	粗砂	t	3.610	3.700	3.940
	040501007	碎石 5～32	t	1.590	1.650	1.750
	041301003	标准砖 240 × 115 × 53	千块	2.160	2.130	2.350
	330707001	上覆板	套	1.010	1.010	1.010
	050401005	板枋材 Ⅲ等	m^3	0.020	0.020	0.020
	292711005	电缆人孔口圈（车行道用）	套	1.010	1.010	1.010
	290299002	电缆托架 120cm	根	6.060	8.080	8.080
	290299004	电缆托架穿钉 M16	根	12.120	16.160	16.160
	331113001	积水罐	套	1.010	1.010	1.010
	341101001	水	m^3	3.150	3.150	3.150
	292111009	拉力环	个	2.020	2.020	2.020
	850103006	其他材料费（占材料费）	%	0.500	0.500	0.500
机械	990304004	汽车式起重机 8t	台班	0.150	0.150	0.150
	990401030	载重汽车 8t	台班	0.150	0.150	0.150

工作内容：找平、夯实，制、支、拆模板，砌砖，抹内外壁、抹八字，养护；人孔上覆的吊装，垫砂浆、就位、找平、灌浆，抹八字，安装拉力环、积水罐和人孔口圈等。 计量单位：个

编号				11-2-171	11-2-172
项目				砖砌人孔（现场吊装上覆）	
				中号 60°斜通型	中号 75°斜通型
名称			单位	消耗量	
人工	000203000	综合二类工	工日	13.720	19.410
材料	040100002	水泥 32.5	t	1.480	1.480
	040305001	粗砂	t	5.480	5.460
	040501007	碎石 5～32	t	2.180	2.190
	041301003	标准砖 240 × 115 × 53	千块	3.880	3.850
	330707001	上覆板	套	1.010	1.010
	050401005	板枋材 Ⅲ等	m^3	0.020	0.020
	292711005	电缆人孔口圈（车行道用）	套	1.010	1.010
	290299002	电缆托架 120cm	根	7.070	8.080
	290299004	电缆托架穿钉 M16	根	14.140	16.160
	331113001	积水罐	套	1.010	1.010
	341101001	水	m^3	3.150	3.150
	292111009	拉力环	个	2.020	2.020
	850103006	其他材料费（占材料费）	%	0.500	0.500
机械	990304004	汽车式起重机 8t	台班	0.150	0.150
	990401030	载重汽车 8t	台班	0.150	0.150

工作内容： 找平、夯实，制、支、拆模板，砌砖，抹内外壁、抹八字，养护；人孔上覆的吊装，垫砂浆、就位、找平、灌浆，抹八字，安装拉力环、积水罐和人孔口圈等。　**计量单位：** 个

编　号				11-2-173	11-2-174	11-2-175
项　目				砖砌人孔（现场吊装上覆）		
				大号直通型	大号三通型	大号四通型
		名　称	单位	消　耗　量		
人工	000203000	综合二类工	工日	22.240	27.610	28.050
材料	040100002	水泥 32.5	t	1.610	2.190	2.210
	040305001	粗砂	t	5.990	8.190	8.280
	040501007	碎石 5～32	t	2.230	3.000	3.070
	041301003	标准砖 240×115×53	千块	4.310	5.930	6.000
	330707001	上覆板	套	1.010	1.010	1.010
	050401005	板枋材 Ⅲ等	m^3	0.030	0.040	0.040
	292711005	电缆人孔口圈（车行道用）	套	1.010	2.020	2.020
	290299002	电缆托架 120cm	根	6.060	—	—
	290299004	电缆托架穿钉 M16	根	12.120	26.260	28.280
	331113001	积水罐	套	1.010	1.010	1.010
	292111009	拉力环	个	2.020	3.030	4.040
	341101001	水	m^3	3.150	3.150	3.150
	290299003	电缆托架 180cm	根	—	7.070	6.060
	290299001	电缆托架 60cm	根	—	6.060	8.080
	850103006	其他材料费（占材料费）	%	0.500	0.500	0.500
机械	990304004	汽车式起重机 8t	台班	0.150	0.200	0.200
	990401030	载重汽车 8t	台班	0.150	0.200	0.200

工作内容： 找平、夯实，制、支、拆模板，砌砖，抹内外壁、抹八字，养护；人孔上覆的吊装，垫砂浆、就位、找平、灌浆，抹八字，安装拉力环、积水罐和人孔口圈等。　**计量单位：** 个

编　号				11-2-176	11-2-177	11-2-178
项　目				砖砌人孔（现场吊装上覆）		
				大号 15°斜通型	大号 30°斜通型	大号 45°斜通型
		名　称	单位	消　耗　量		
人工	000203000	综合二类工	工日	20.450	23.550	25.890
材料	040100002	水泥 32.5	t	1.640	1.800	1.880
	040305001	粗砂	t	6.120	6.680	6.860
	040501007	碎石 5～32	t	2.300	2.520	2.650
	041301003	标准砖 240×115×53	千块	4.420	4.790	4.990
	330707001	上覆板	套	1.010	1.010	1.010
	050401005	板枋材 Ⅲ等	m^3	0.030	0.030	0.030
	292711005	电缆人孔口圈（车行道用）	套	1.010	2.020	2.020
	290299002	电缆托架 120cm	根	7.070	8.080	8.080
	290299004	电缆托架穿钉 M16	根	14.140	16.160	16.160
	331113001	积水罐	套	1.010	1.010	1.010
	292111009	拉力环	个	2.020	2.020	2.020
	341101001	水	m^3	3.150	3.150	3.150
	850103006	其他材料费（占材料费）	%	0.500	0.500	0.500
机械	990304004	汽车式起重机 8t	台班	0.180	0.180	0.180
	990401030	载重汽车 8t	台班	0.180	0.180	0.180

工作内容：找平、夯实，制、支、拆模板，砌砖，抹内外壁、抹八字，养护；人孔上覆的吊装，垫砂浆、就位、找平、灌浆，抹八字，安装拉力环、积水罐和人孔口圈等。 **计量单位：**个

编号				11-2-179	11-2-180
项目				砖砌人孔（现场吊装上覆）	
				大号 60°斜通型	大号 75°斜通型
名称			单位	消耗量	
人工	000203000	综合二类工	工日	27.210	27.570
材料	040100002	水泥 32.5	t	1.950	1.980
	040305001	粗砂	t	7.210	7.310
	040501007	碎石 5～32	t	2.780	2.830
	041301003	标准砖 240×115×53	千块	5.150	5.210
	330707001	上覆板	套	1.010	1.010
	050401005	板枋材 Ⅲ等	m^3	0.030	0.030
	292711005	电缆人孔口圈（车行道用）	套	2.020	2.020
	290299002	电缆托架 120cm	根	9.090	9.090
	290299004	电缆托架穿钉 M16	根	18.180	18.180
	331113001	积水罐	套	1.010	1.010
	292111009	拉力环	个	2.020	2.020
	341101001	水	m^3	3.150	3.150
	850103006	其他材料费（占材料费）	%	0.500	0.500
机械	990304004	汽车式起重机 8t	台班	0.180	0.180
	990401030	载重汽车 8t	台班	0.180	0.180

工作内容：找平、夯实，制、支、拆模板，砌砖，抹内外壁、抹八字，养护；人孔上覆的吊装，垫砂浆、就位、找平、灌浆，抹八字，安装拉力环、积水罐和人孔口圈等。 **计量单位：**个

编号				11-2-181	11-2-182	11-2-183
项目				砖砌人孔（现场吊装上覆）		
				24-36 特型直通	24-36 特型三通	24-36 特型四通
名称			单位	消耗量		
人工	000203000	综合二类工	工日	60.890	78.980	80.190
材料	040100002	水泥 32.5	t	7.600	8.150	8.150
	040305001	粗砂	t	30.690	31.660	31.660
	040501007	碎石 5～32	t	5.450	7.700	7.700
	041301003	标准砖 240×115×53	千块	11.400	16.490	17.700
	330707005	特型直通上覆板	套	1.010	—	—
	050401005	板枋材 Ⅲ等	m^3	0.170	0.170	0.170
	292711005	电缆人孔口圈（车行道用）	套	2.020	2.020	2.020
	290299002	电缆托架 120cm	根	24.240	18.180	16.160
	290299004	电缆托架穿钉 M16	根	48.480	64.640	60.600
	292313012	镀锌有头穿钉 M12×40	副	72.720	—	96.960
	292313013	镀锌有头穿钉 M16×400	副	12.120	8.080	8.080
	331113001	积水罐	套	2.020	2.020	2.020
	292111009	拉力环	个	3.030	4.040	5.050
	010901011	圆钢 $\phi6$	kg	10.040	15.780	15.930
	010901015	圆钢 $\phi12$	kg	154.760	202.210	205.490
	010103003	螺纹钢筋 $\phi16$	kg	103.700	224.910	224.580
	011301010	扁钢 50×8	kg	59.910	33.280	39.940
	011901009	槽钢 $8^{\#}$	kg	93.260	97.690	86.030
	012101015	角钢 40×5	kg	13.000	20.000	20.240
	012101018	角钢 50×5	kg	43.700	50.480	50.480
	341101001	水	m^3	3.150	3.150	3.150
	330707006	特型三通上覆板	套	—	1.000	—
	290299003	电缆托架 180cm	根	—	10.100	10.100
	290299001	电缆托架 60cm	根	—	4.040	4.040
	330707007	特型四通上覆板	套	—	—	1.000
	850103006	其他材料费（占材料费）	%	0.500	0.500	0.500
机械	990304004	汽车式起重机 8t	台班	0.150	0.200	0.200
	990401030	载重汽车 8t	台班	0.150	0.200	0.200

工作内容：找平、夯实，制、支、拆模板，砌砖，抹内外壁、抹八字，养护；人孔上覆的吊装，垫砂浆、就位、找平、灌浆，抹八字，安装拉力环、积水罐和人孔口圈等。 **计量单位：**个

编号				11-2-184	11-2-185	11-2-186
项目				砖砌手孔（现场吊装上覆）		
				700×900 手孔	900×1200 手孔	1200×1700 手孔
名称			单位	消耗量		
人工	000203000	综合二类工	工日	5.270	6.400	8.880
材料	040100002	水泥 32.5	t	0.380	0.450	0.690
	040305001	粗砂	t	1.070	1.270	1.940
	040501007	碎石 5～32	t	0.470	0.470	0.700
	041301003	标准砖 240×115×53	千块	0.670	0.830	1.270
	050401005	板枋材 Ⅲ等	m^3	0.010	0.010	0.010
	292711005	电缆人孔口圈（车行道用）	套	1.010	1.010	1.010
	290299004	电缆托架穿钉 M16	根	8.080	8.080	8.080
	331113001	积水罐	套	1.010	1.010	1.010
	292111009	拉力环	个	2.020	2.020	3.030
	341101001	水	m^3	3.150	3.150	3.150
	330707003	手孔上覆板 90×120	套	—	1.000	—
	330707004	手孔上覆板 120×170	套	—	—	1.000
	290299001	电缆托架 60cm	根	4.040	4.040	4.040
	330707002	手孔上覆板 70×90	套	1.000	—	—
	850103006	其他材料费（占材料费）	%	0.500	0.500	0.500
机械	990304004	汽车式起重机 8t	台班	0.130	0.130	0.130
	990401030	载重汽车 8t	台班	0.130	0.130	0.130

2. 砌筑混凝土预制砖人孔

工作内容： 找平、夯实，制、支、拆模板，砌块，抹内外壁、抹八字，养护；人孔上覆的吊装，垫砂浆、就位、找平、灌浆，抹八字，安装拉力环、积水罐和人孔口圈等。　　**计量单位：个**

编　号				11-2-187	11-2-188	11-2-189
项　目				砌筑混凝土预制砖人孔（50kN 人孔系列）		
				1500 × 900 × 1200	1800 × 1200 × 1800	2000 × 1400 × 1800
名　称			单位	消　耗　量		
人工	000203000	综合二类工	工日	4.640	5.870	6.390
材料	330721008	人孔上覆板 1.5 × 1.5 × 0.15	块	1.000	1.000	—
	330721006	人孔上覆板 1.5 × 0.3 × 0.15	块	1.000	2.000	—
	041501005	甲型混凝土砌块	块	70.000	88.000	88.000
	040100002	水泥 32.5	t	0.390	0.580	0.680
	040305001	粗砂	t	1.100	1.700	1.980
	040501007	碎石 5～32	t	0.900	1.230	1.480
	041335001	弧形砖 Ⅰ型	块	16.000	16.000	16.000
	330721005	人孔口圈盖	套	1.010	1.010	1.010
	290499003	电缆支架 600 × 60 × 6	根	4.040	—	—
	292313014	支架穿钉 M16	副	8.080	8.080	8.080
	292111009	拉力环	个	2.020	2.020	2.020
	331113001	积水罐	套	1.010	1.010	1.010
	010901014	圆钢 $\phi10$	kg	42.000	55.000	67.000
	341101001	水	m^3	3.150	3.150	3.150
	041501006	乙型混凝土砌块	块	—	66.000	88.000
	290499004	电缆支架 900 × 60 × 6	根	—	4.040	4.040
	330721013	人孔上覆板 1.8 × 1.6 × 0.15	块	—	—	1.000
	330721010	人孔上覆板 1.8 × 0.5 × 0.15	块	—	—	2.000
	850103006	其他材料费（占材料费）	%	0.500	0.500	0.500
机械	990304004	汽车式起重机 8t	台班	0.130	0.130	0.140
	990401020	载重汽车 5t	台班	0.130	0.130	0.140

工作内容：找平、夯实，制、支、拆模板，砌块，抹内外壁、抹八字，养护；人孔上覆的吊装，垫砂浆、就位、找平、灌浆，抹八字，安装拉力环、积水罐和人孔口圈等。 **计量单位：**个

编号				11-2-190	11-2-191	11-2-192
项目				砌筑混凝土预制砖人孔（50kN 人孔系列）		
				2400×1400×1800 直通型	2400×1400×1800 三通型	2400×1400×1800 四通型
名称			单位	消耗量		
人工	000203000	综合二类工	工日	7.180	7.200	7.330
材料	041501005	甲型混凝土砌块	块	88.000	88.000	88.000
	040100002	水泥 32.5	t	0.770	0.770	0.770
	040305001	粗砂	t	2.240	2.240	2.240
	040501007	碎石 5～32	t	1.700	1.700	1.700
	041335001	弧形砖 Ⅰ型	块	16.000	16.000	16.000
	330721005	人孔口圈盖	套	1.010	1.010	1.010
	292313014	支架穿钉 M16	副	12.120	12.120	12.120
	292111009	拉力环	个	2.020	3.030	4.040
	331113001	积水罐	套	1.010	1.010	1.010
	010901014	圆钢 $\phi 10$	kg	80.000	80.000	80.000
	341101001	水	m^3	3.150	3.150	3.150
	041501006	乙型混凝土砌块	块	110.000	110.000	110.000
	290499004	电缆支架 900×60×6	根	6.060	6.060	6.060
	330721013	人孔上覆板 1.8×1.6×0.15	块	1.000	1.000	1.000
	330721010	人孔上覆板 1.8×0.5×0.15	块	2.000	2.000	2.000
	850103006	其他材料费（占材料费）	%	0.500	0.500	0.500
机械	990304004	汽车式起重机 8t	台班	0.140	0.140	0.140
	990401020	载重汽车 5t	台班	0.140	0.140	0.140

工作内容：找平、夯实，制、支、拆模板，砌块，抹内外壁、抹八字，养护；人孔上覆的吊装，垫砂浆、就位、找平、灌浆，抹八字，安装拉力环、积水罐和人孔口圈等。 **计量单位：**个

编号				11-2-193	11-2-194	11-2-195
项目				砌筑混凝土预制砖人孔（50kN 人孔系列）		
				3000×1500×1800 直通型	3000×1500×1800 三通型	3000×1500×1800 四通型
名称			单位	消耗量		
人工	000203000	综合二类工	工日	8.680	9.080	9.160
材料	330721013	人孔上覆板 1.8×1.6×0.15	块	1.000	2.000	2.000
	041501005	甲型混凝土砌块	块	154.000	154.000	154.000
	041501006	乙型混凝土砌块	块	88.000	88.000	88.000
	040100002	水泥 32.5	t	0.970	0.980	0.980
	040305001	粗砂	t	2.780	2.810	2.810
	040501007	碎石 5～32	t	2.260	2.260	2.260
	041335001	弧形砖 Ⅰ型	块	16.000	32.000	32.000
	330721005	人孔口圈盖	套	1.010	2.020	2.020
	290499004	电缆支架 900×60×6	根	8.080	8.080	8.080
	292313014	支架穿钉 M16	副	16.160	16.160	16.160
	292111009	拉力环	个	2.020	3.030	4.040
	331113001	积水罐	套	1.010	1.010	1.010
	010901014	圆钢 $\phi 10$	kg	107.000	107.000	107.000
	341101001	水	m^3	3.150	3.150	3.150
	330721012	人孔上覆板 1.8×0.9×0.15	块	2.000	—	—
	850103006	其他材料费（占材料费）	%	0.500	0.500	0.500
机械	990304004	汽车式起重机 8t	台班	0.150	0.150	0.150
	990401020	载重汽车 5t	台班	0.150	0.150	0.150

工作内容：找平、夯实，制、支、拆模板，砌块，抹内外壁、抹八字，养护；人孔上覆的吊装，垫砂浆、就位、找平、灌浆，抹八字，安装拉力环、积水罐和人孔口圈等。 **计量单位：**个

编号				11-2-196	11-2-197	11-2-198
项目				砌筑混凝土预制砖人孔（50kN 人孔系列）		
				4000×2000×1800 直通型	4000×2000×2000 直通型	4000×2000×1800 三通型
名称			单位	消耗量		
人工	000203000	综合二类工	工日	16.060	16.670	16.160
材料	041501005	甲型混凝土砌块	块	484.000	528.000	484.000
	041501006	乙型混凝土砌块	块	88.000	96.000	88.000
	040100002	水泥 32.5	t	2.350	2.500	2.350
	040305001	粗砂	t	6.930	7.600	6.930
	040501007	碎石 5～32	t	5.240	5.240	5.240
	041335001	弧形砖 Ⅰ型	块	32.000	32.000	32.000
	330721005	人孔口圈盖	套	2.020	2.020	2.020
	292313014	支架穿钉 M16	副	16.160	16.160	16.160
	292111009	拉力环	个	2.020	2.020	3.030
	331113001	积水罐	套	1.010	1.010	1.010
	010901014	圆钢 ϕ10	kg	153.000	153.000	153.000
	341101001	水	m^3	3.150	3.150	3.150
	330721015	人孔上覆板 2.6×2.3×0.2	块	2.000	2.000	2.000
	290499005	电缆支架 1250×60×6	根	8.080	8.080	8.080
	010901015	圆钢 ϕ12	kg	129.000	129.000	129.000
	850103006	其他材料费（占材料费）	%	0.500	0.500	0.500
机械	990304004	汽车式起重机 8t	台班	0.170	0.170	0.170
	990401030	载重汽车 8t	台班	0.170	0.170	0.170

工作内容：找平、夯实，制、支、拆模板，砌块，抹内外壁、抹八字，养护；人孔上覆的吊装，垫砂浆、就位、找平、灌浆，抹八字，安装拉力环、积水罐和人孔口圈等。　**计量单位：**个

编号				11-2-199	11-2-200	11-2-201
项目				砌筑混凝土预制砖人孔（50kN 人孔系列）		
				4000 × 2000 × 2000 三通型	4000 × 2000 × 1800 四通型	4000 × 2000 × 2000 四通型
名称			单位	消耗量		
人工	000203000	综合二类工	工日	16.750	16.230	16.810
材料	041501005	甲型混凝土砌块	块	528.000	484.000	528.000
	041501006	乙型混凝土砌块	块	96.000	88.000	96.000
	040100002	水泥 32.5	t	2.500	2.350	2.500
	040305001	粗砂	t	7.600	6.930	7.600
	040501007	碎石 5～32	t	5.240	5.240	5.240
	041335001	弧形砖 Ⅰ型	块	32.000	32.000	32.000
	330721005	人孔口圈盖	套	2.020	2.020	2.020
	292313014	支架穿钉 M16	副	16.160	16.160	16.160
	292111009	拉力环	个	3.030	4.040	2.020
	331113001	积水罐	套	1.010	1.010	1.010
	010901014	圆钢 $\phi10$	kg	153.000	153.000	153.000
	341101001	水	m^3	3.150	3.150	3.150
	330721015	人孔上覆板 2.6 × 2.3 × 0.2	块	2.000	2.000	2.000
	290499005	电缆支架 1250 × 60 × 6	根	8.080	8.080	8.080
	010901015	圆钢 $\phi12$	kg	129.000	129.000	129.000
	850103006	其他材料费（占材料费）	%	0.500	0.500	0.500
机械	990304004	汽车式起重机 8t	台班	0.170	0.170	0.170
	990401030	载重汽车 8t	台班	0.170	0.170	0.170

工作内容：找平、夯实，制、支、拆模板，砌块，抹内外壁、抹八字，养护；人孔上覆的吊装，垫砂浆、就位、找平、灌浆，抹八字，安装拉力环、积水罐和人孔口圈等。 **计量单位：**个

编号				11-2-202	11-2-203
项目				砌筑混凝土预制砖人孔（50kN 人孔系列）	
				6200 × 2000 × 2000	8500 × 2000 × 2000
名称			单位	消耗量	
人工	000203000	综合二类工	工日	22.380	29.750
材料	330721015	人孔上覆板 2.6 × 2.3 × 0.2	块	3.000	4.000
	041501005	甲型混凝土砌块	块	720.000	960.000
	041501006	乙型混凝土砌块	块	96.000	48.000
	040100002	水泥 32.5	t	3.510	4.520
	040305001	粗砂	t	10.500	13.410
	040501007	碎石 5～32	t	7.650	10.060
	041335001	弧形砖 Ⅰ型	块	48.000	64.000
	330721005	人孔口圈盖	套	3.030	4.040
	290499005	电缆支架 1250 × 60 × 6	根	10.100	14.140
	292313014	支架穿钉 M16	副	20.200	28.280
	292111009	拉力环	个	4.040	4.040
	331113001	积水罐	套	2.020	2.020
	010901014	圆钢 $\phi10$	kg	182.000	178.000
	010901015	圆钢 $\phi12$	kg	221.000	408.000
	341101001	水	m^3	3.150	3.150
	850103006	其他材料费（占材料费）	%	0.500	0.500
机械	990304004	汽车式起重机 8t	台班	0.180	0.190
	990401030	载重汽车 8t	台班	0.180	0.190

工作内容：找平、夯实，制、支、拆模板，砌块，抹内外壁、抹八字，养护；人孔上覆的吊装，垫砂浆、就位、找平、灌浆，抹八字，安装拉力环、积水罐和人孔口圈等。 **计量单位：**个

编号				11-2-204	11-2-205	11-2-206
项目				砌筑混凝土预制砖人孔（70kN 人孔系列）		
				1500×900×1200	1800×1200×1800	2000×1400×1800
名称			单位	消耗量		
人工	000203000	综合二类工	工日	4.660	5.950	6.500
材料	330721014	人孔上覆板 1.8×1.6×0.2	块	—	—	1.000
	330721011	人孔上覆板 1.8×0.5×0.2	块	—	—	2.000
	041501005	甲型混凝土砌块	块	70.000	88.000	88.000
	041501006	乙型混凝土砌块	块	—	66.000	88.000
	040100002	水泥 32.5	t	0.390	0.580	0.680
	040305001	粗砂	t	1.100	1.690	1.980
	040501007	碎石 5～32	t	0.900	1.230	1.480
	041335001	弧形砖 Ⅰ型	块	16.000	16.000	16.000
	330721005	人孔口圈盖	套	1.010	1.010	1.010
	290499004	电缆支架 900×60×6	根	—	4.040	4.040
	292313014	支架穿钉 M16	副	8.080	8.080	8.080
	292111009	拉力环	个	2.020	2.020	2.020
	331113001	积水罐	套	1.010	1.010	1.010
	010901014	圆钢 ϕ10	kg	44.000	62.000	75.000
	341101001	水	m^3	3.150	3.150	3.150
	330721009	人孔上覆板 1.5×1.5×0.2	块	1.000	1.000	—
	330721007	人孔上覆板 1.5×0.3×0.2	块	1.000	2.000	—
	290499003	电缆支架 600×60×6	根	4.040	—	—
	850103006	其他材料费（占材料费）	%	0.500	0.500	0.500
机械	990304004	汽车式起重机 8t	台班	0.130	0.130	0.140
	990401020	载重汽车 5t	台班	0.130	0.130	0.140

工作内容：找平、夯实，制、支、拆模板，砌块，抹内外壁、抹八字，养护；人孔上覆的吊装，垫砂浆、就位、找平、灌浆，抹八字，安装拉力环、积水罐和人孔口圈等。 **计量单位：**个

编 号				11-2-207	11-2-208	11-2-209
项 目				砌筑混凝土预制砖人孔（70kN 人孔系列）		
				2400 × 1400 × 1800 直通型	2400 × 1400 × 1800 三通型	2400 × 1400 × 1800 四通型
名 称			单位	消 耗 量		
人工	000203000	综合二类工	工日	7.330	7.400	7.480
材料	330721013	人孔上覆板 1.8 × 1.6 × 0.15	块	—	1.000	1.000
	041501005	甲型混凝土砌块	块	88.000	88.000	88.000
	041501006	乙型混凝土砌块	块	110.000	110.000	110.000
	040100002	水泥 32.5	t	0.770	0.770	0.770
	040305001	粗砂	t	2.240	2.240	2.240
	040501007	碎石 5～32	t	1.700	1.700	1.700
	041335001	弧形砖 Ⅰ型	块	16.000	16.000	16.000
	330721005	人孔口圈盖	套	1.010	1.010	1.010
	290499004	电缆支架 900 × 60 × 6	根	6.060	6.060	6.060
	292313014	支架穿钉 M16	副	12.120	12.120	12.120
	292111009	拉力环	个	2.020	3.030	4.040
	331113001	积水罐	套	1.010	1.010	1.010
	010901014	圆钢 ϕ10	kg	57.000	57.000	57.000
	010901015	圆钢 ϕ12	kg	33.000	33.000	33.000
	341101001	水	m^3	3.150	3.150	3.150
	330721010	人孔上覆板 1.8 × 0.5 × 0.15	块	—	2.000	2.000
	330721014	人孔上覆板 1.8 × 1.6 × 0.2	块	1.000	—	—
	330721011	人孔上覆板 1.8 × 0.5 × 0.2	块	2.000	—	—
	850103006	其他材料费（占材料费）	%	0.500	0.500	0.500
机械	990304004	汽车式起重机 8t	台班	0.140	0.210	0.210
	990401020	载重汽车 5t	台班	0.140	0.210	0.210

工作内容：找平、夯实，制、支、拆模板，砌块，抹内外壁、抹八字，养护；人孔上覆的吊装，垫砂浆、就位、找平、灌浆，抹八字，安装拉力环、积水罐和人孔口圈等。 **计量单位：**个

编号				11-2-210	11-2-211	11-2-212
项目				砌筑混凝土预制砖人孔（70kN 人孔系列）		
				3000×1500×1800 直通型	3000×1500×1800 三通型	3000×1500×1800 四通型
名称			单位	消耗量		
人工	000203000	综合二类工	工日	8.870	9.290	9.360
材料	330721013	人孔上覆板 1.8×1.6×0.15	块	1.000	2.000	2.000
	041501005	甲型混凝土砌块	块	154.000	154.000	154.000
	041501006	乙型混凝土砌块	块	88.000	88.000	88.000
	040100002	水泥 32.5	t	0.970	0.980	0.980
	040305001	粗砂	t	2.780	2.810	2.810
	040501007	碎石 5～32	t	2.260	2.260	2.260
	041335001	弧形砖 Ⅰ型	块	16.000	32.000	32.000
	330721005	人孔口圈盖	套	1.010	2.020	2.020
	290499004	电缆支架 900×60×6	根	8.080	8.080	8.080
	292313014	支架穿钉 M16	副	16.160	16.160	16.160
	292111009	拉力环	个	2.020	3.030	4.040
	331113001	积水罐	套	1.010	1.010	1.010
	010901014	圆钢 ϕ10	kg	75.000	75.000	75.000
	010901015	圆钢 ϕ12	kg	46.000	46.000	46.000
	341101001	水	m^3	3.150	3.150	3.150
	330721012	人孔上覆板 1.8×0.9×0.15	块	2.000	—	—
	850103006	其他材料费（占材料费）	%	0.500	0.500	0.500
机械	990304004	汽车式起重机 8t	台班	0.230	0.230	0.230
	990401020	载重汽车 5t	台班	0.230	0.230	0.230

工作内容：找平、夯实，制、支、拆模板，砌块，抹内外壁、抹八字，养护；人孔上覆的吊装，垫砂浆、就位、找平、灌浆，抹八字，安装拉力环、积水罐和人孔口圈等。 **计量单位：**个

编号				11-2-213	11-2-214	11-2-215
项目				砌筑混凝土预制砖人孔（70kN 人孔系列）		
				4000×2000×1800 直通型	4000×2000×2000 直通型	4000×2000×1800 三通型
名称			单位	消耗量		
人工	000203000	综合二类工	工日	16.060	16.670	16.160
材料	041501005	甲型混凝土砌块	块	484.000	528.000	484.000
	041501006	乙型混凝土砌块	块	88.000	96.000	88.000
	040100002	水泥 32.5	t	2.350	2.500	2.350
	040305001	粗砂	t	6.930	7.600	6.930
	040501007	碎石 5～32	t	5.240	5.240	5.240
	041335001	弧形砖 Ⅰ型	块	32.000	32.000	32.000
	330721005	人孔口圈盖	套	2.020	2.020	2.020
	292313014	支架穿钉 M16	副	16.160	16.160	16.160
	292111009	拉力环	个	2.020	2.020	3.030
	331113001	积水罐	套	1.010	1.010	1.010
	010901014	圆钢 $\phi10$	kg	153.000	153.000	153.000
	010901015	圆钢 $\phi12$	kg	129.000	129.000	129.000
	341101001	水	m^3	3.150	3.150	3.150
	330721015	人孔上覆板 2.6×2.3×0.2	块	2.000	2.000	2.000
	290499005	电缆支架 1250×60×6	根	8.080	8.080	8.080
	850103006	其他材料费（占材料费）	%	0.500	0.500	0.500
机械	990304004	汽车式起重机 8t	台班	0.170	0.170	0.170
	990401030	载重汽车 8t	台班	0.170	0.170	0.170

工作内容：找平、夯实，制、支、拆模板，砌块，抹内外壁、抹八字，养护；人孔上覆的吊装，垫砂浆、就位、找平、灌浆，抹八字，安装拉力环、积水罐和人孔口圈等。　**计量单位：**个

编　号				11-2-216	11-2-217	11-2-218
项　目				砌筑混凝土预制砖人孔（70kN 人孔系列）		
				4000 × 2000 × 2000 三通型	4000 × 2000 × 1800 四通型	4000 × 2000 × 2000 四通型
名　称			单位	消　耗　量		
人工	000203000	综合二类工	工日	16.750	16.230	16.810
材料	330721015	人孔上覆板 2.6 × 2.3 × 0.2	块	2.000	2.000	2.000
	041501005	甲型混凝土砌块	块	528.000	484.000	528.000
	041501006	乙型混凝土砌块	块	96.000	88.000	96.000
	040100002	水泥 32.5	t	2.500	2.350	2.500
	040305001	粗砂	t	7.600	6.930	7.600
	040501007	碎石 5～32	t	5.240	5.240	5.240
	041335001	弧形砖 Ⅰ型	块	32.000	32.000	32.000
	330721005	人孔口圈盖	套	2.020	2.020	2.020
	290499005	电缆支架 1250 × 60 × 6	根	8.080	8.080	8.080
	292313014	支架穿钉 M16	副	16.160	16.160	16.160
	292111009	拉力环	个	3.030	4.040	4.040
	331113001	积水罐	套	1.010	1.010	1.010
	010901014	圆钢 $\phi10$	kg	153.000	153.000	153.000
	010901015	圆钢 $\phi12$	kg	129.000	129.000	129.000
	341101001	水	m^3	3.150	3.150	3.150
	850103006	其他材料费（占材料费）	%	0.500	0.500	0.500
机械	990304004	汽车式起重机 8t	台班	0.170	0.170	0.170
	990401030	载重汽车 8t	台班	0.170	0.170	0.170

工作内容：找平、夯实，制、支、拆模板，砌块，抹内外壁、抹八字，养护；人孔上覆的吊装，垫砂浆、就位、找平、灌浆，抹八字，安装拉力环、积水罐和人孔口圈等。 **计量单位：**个

编号				11-2-219	11-2-220
项目				砌筑混凝土预制砖人孔（70kN 人孔系列）	
				6200 × 2000 × 2000	8500 × 2000 × 2000
名称			单位	消耗量	
人工	000203000	综合二类工	工日	22.430	30.330
材料	330721015	人孔上覆板 2.6 × 2.3 × 0.2	块	3.000	4.000
	041501005	甲型混凝土砌块	块	720.000	960.000
	041501006	乙型混凝土砌块	块	96.000	48.000
	040100002	水泥 32.5	t	3.510	4.520
	040305001	粗砂	t	10.500	13.400
	040501007	碎石 5～32	t	7.650	10.050
	041335001	弧形砖 Ⅰ型	块	48.000	64.000
	330721005	人孔口圈盖	套	3.030	4.040
	290499005	电缆支架 1250 × 60 × 6	根	10.100	14.140
	292313014	支架穿钉 M16	副	20.200	28.280
	292111009	拉力环	个	4.040	4.040
	331113001	积水罐	套	2.020	2.020
	010901014	圆钢 ϕ10	kg	221.000	86.000
	010901015	圆钢 ϕ12	kg	185.000	540.000
	341101001	水	m^3	3.150	3.150
	850103006	其他材料费（占材料费）	%	0.500	0.500
机械	990304004	汽车式起重机 8t	台班	0.180	0.190
	990401030	载重汽车 8t	台班	0.180	0.190

3. 砖砌配线手孔

工作内容：找平、夯实，制、支、拆模板，砌砖，手孔内外壁抹灰、抹八字，安装光（电）缆支架、拉力环，浇灌混凝土，安装手孔口圈，养护等。 **计量单位：**个

编　号				11-2-221	11-2-222	11-2-223	11-2-224	11-2-225	11-2-226
项　目				砖砌配线手孔					
				小手孔（SSK）	一号手孔（SK1）	二号手孔（SK2）	三号手孔（SK3）	四号手孔（SK4）	550×550手孔
名　称			单位	消　耗　量					
人工	000203000	综合二类工	工日	2.100	3.430	6.250	7.730	9.510	4.800
材料	040100002	水泥 32.5	t	0.070	0.140	0.200	0.230	0.280	0.260
	040305001	粗砂	t	0.320	0.630	0.920	1.100	1.280	0.730
	040501007	碎石 5～32	t	0.230	0.360	0.520	0.630	0.750	0.200
	041301003	标准砖 240×115×53	千块	0.150	0.350	0.510	0.600	0.700	0.510
	330721017	手孔口圈	套	1.010	1.010	1.010	1.010	1.010	—
	290299001	电缆托架 60cm	根	—	2.020	4.040	4.040	6.060	—
	290299004	电缆托架穿钉 M16	根	—	4.040	8.080	8.080	12.120	4.040
	292111009	拉力环	个	—	—	—	2.020	2.020	—
	050401005	板枋材 Ⅲ等	m^3	0.010	0.010	0.020	0.030	0.040	0.010
	341101001	水	m^3	1.050	1.050	1.050	1.050	1.050	1.050
	330721018	手孔口圈 550×550	套	—	—	—	—	—	1.010
	850103006	其他材料费（占材料费）	%	0.500	0.500	0.500	0.500	0.500	0.500

十、管道防水及其他

1. 防　水

工作内容：运料，清扫墙面，拌制砂浆，抹平压光，调制、涂刷素水泥浆，掺氯化铁，养护等。 **计量单位：**m^2

编　号				11-2-227	11-2-228
项　目				防水砂浆抹面法（五层）	
				混凝土墙面	砖墙面
名　称			单位	消　耗　量	
人工	000203000	综合二类工	工日	0.320	0.320
材料	040100003	水泥 32.5	kg	20.890	21.490
	040305003	粗砂	kg	29.000	30.000
	133505003	防水填加剂	kg	1.010	1.010
	850103006	其他材料费（占材料费）	%	0.500	0.500

2. 其　他

工作内容： 1. 砂浆砖砌体：拌和砂浆，砌砖等。
2. 砂浆抹面：拌和砂浆，抹面等。
3. 人孔壁开窗口：开凿人孔壁，修整、抹平窗口等。 **计量单位：** 见表

编　号				11-2-229	11-2-230	11-2-231
项　目				砂浆砖砌体（M10）	砂浆抹面（1：2.5）	人孔壁开窗口
单　位				m^3	m^2	处
名　称			单位	消　耗　量		
人工	000203000	综合二类工	工日	2.130	0.250	2.000
材料	040100003	水泥 32.5	kg	105.000	14.340	—
	040305003	粗砂	kg	322.000	44.000	—
	041301003	标准砖 240×115×53	千块	0.560	—	—
	850103006	其他材料费（占材料费）	%	0.500	0.500	—

十一、补 充 项 目

1. 预 制 手 孔

工作内容： 挖土方，运预制件，坑底平整夯实，安装、回填夯实，余土外运，清理现场，材料运输等。 **计量单位：** 座

编　号				11-2-232	11-2-233	11-2-234
项　目				预制混凝土手孔		
				550×550 以下	700×900 以下	900×1200 以下
名　称			单位	消　耗　量		
人工	000203000	综合二类工	工日	0.588	0.840	1.050
材料	360123002	预制混凝土手孔（含手孔盖）	套	1.010	1.010	1.010
	850103006	其他材料费（占材料费）	%	3.000	3.000	3.000
机械	990401020	载重汽车 5t	台班	0.179	0.256	0.320

工作内容： 挖土方，运预制件，坑底平整夯实，安装、回填夯实，余土外运，清理现场，材料运输等。 **计量单位：** 座

编　号				11-2-235	11-2-236	11-2-237
项　目				预制树脂手孔		
				550×550 以下	700×900 以下	900×1200 以下
名　称			单位	消　耗　量		
人工	000203000	综合二类工	工日	1.176	0.441	0.573
材料	360123003	预制树脂手孔（含手孔盖板）	套	1.010	1.010	1.010
	850103006	其他材料费（占材料费）	%	3.000	3.000	—
机械	990401020	载重汽车 5t	台班	0.090	0.135	0.176

2. 防 水

（1）油毡防水

工作内容：运料，调制、涂刷冷底子油，熬制沥青，涂刷沥青贴油毡，压实养护等。 **计量单位：**m²

编号				11-2-238	11-2-239	11-2-240
项目				油毡防水法		
				二油一毡	二油贰毡	增一油一毡
名称			单位	消耗量		
人工	000203000	综合二类工	工日	0.100	0.140	0.070
材料	133301001	石油沥青油毡	m²	1.210	2.420	1.210
	130121001	沥青漆	kg	4.140	6.460	2.320

（2）玻璃布防水

工作内容：运料，调制、涂刷冷底子油，浸铺玻璃布，压实养护等。 **计量单位：**m²

编号				11-2-241	11-2-242	11-2-243
项目				玻璃布防水法		
				二油一布	二油二布	增一油一布
名称			单位	消耗量		
人工	000203000	综合二类工	工日	0.210	0.280	0.140
材料	130121001	沥青漆	kg	4.960	6.580	1.620
	150702001	玻璃布（综合）	m²	1.220	2.440	1.220
	040915005	石粉	kg	0.850	1.130	0.280

（3）聚氨酯防水

工作内容：运料，调制、水泥沙浆找平，涂刷聚氨脂，浸铺玻璃布，压实养护等。 **计量单位：**m²

编号				11-2-244	11-2-245
项目				聚氨酯防水	
				一布一面	增一布一面
名称			单位	消耗量	
人工	000203000	综合二类工	工日	0.480	0.280
材料	150702001	玻璃布（综合）	m²	1.220	1.220
	040100003	水泥 32.5	kg	18.000	—
	040305003	粗砂	kg	29.000	—
	130111028	聚氨酯防潮底漆	kg	2.000	2.000

3. 预埋铁件制作安装

工作内容：1. 铁件制作。
2. 铁件埋设、焊接固定。 **计量单位：**t

编号				11-2-246
项目				制作安装
名称			单位	消耗量
人工	000203000	综合二类工	工日	16.270
材料	031509001	铁件（综合）	kg	1010.000

第三章

通信杆路

说 明

一、本章内容包括立杆、安装拉线、架设吊线等。

二、挖电杆、拉线、撑杆坑等的土质系按综合土、软石、坚石三类划分。其中综合土的构成按普通土 20%、硬土 50%、砂砾土 30%。

三、关于下列各项费用的规定：

1. 更换电杆及拉线按本册相应项目人工乘以系数 2.00。

2. 组立安装 L 杆，按 H 杆同等杆高项目人工乘以系数 1.50；组立安装井字杆，按 H 杆同等杆项目人工乘以系数 2.00。

3. 高桩拉线中电杆至拉桩间正拉线的架设，执行相应安装吊线的项目；立高桩执行相应立电杆项目。

4. 敷设档距在 100m 及以上的吊线、光（电）缆时，其人工按相应项目乘以系数 2.00。

5. 立电杆与撑杆、安装拉线部分为平原地区，用于丘陵、水田、城区时按相应项目人工乘以系数 1.30、用于山区时按相应项目人工乘以系数 1.60。

三、安装拉线如采用横木地锚时，相应项目中不含地锚铁柄和水泥拉线盘两种材料，其制作横木拉线地锚的费用应另行计算。

四、拉线坑所在地表有水或严重渗水时，工程中发生时按实计算排水等措施费用。

五、相关说明：

1. 本章项目中立普通品接杆高为 15m 以内，特种品接杆高为 24m 以内，工程中具体每节电杆的长度应按设计长度确定。

2. 本章立水泥杆项目如未特殊说明均为单杆项目。

3. 架设吊线时，如不采用吊线担固定，应根据实际情况扣减吊线担相关材料。

4. 各种拉线的钢绞线按杆高 9m 以内、距高比按 1∶1 取定，如杆高与距高比根据地形地貌有变化，可据实调整换算其用量，杆高相差±1m 单条钢绞线的调整量如下：

钢绞线调整量表

制式	7/2.2	7/2.6	7/3.0
调整量	±0.31kg	±0.45kg	±0.60kg

工程量计算规则

一、立水泥杆应区分高度及土质类型，按设计图示数量，分别以“根”为计量单位。

二、电杆根部加固及保护应区分不同加固用材质，按设计图示数量，分别以“处”“块”“根”为计量单位。

三、装水泥撑杆应区分土质类型，按设计图示数量，分别以“根”为计量单位。

四、水泥杆单股拉线安装应区分拉线程式、土质类型、施工工法，按设计图示数量，分别以“条”为计量单位；吊板拉线安装应区分拉线程式、土质类型，按设计图示数量，分别以“处”为计量单位；横木拉线地锚制作应区分拉线程式方式，按设计图示数量，分别以“个”为计量单位；拉线隔电子、拉线警示保护管安装，按设计图示数量，以“处”为计量单位。

五、电杆接高装置应区分加装方法，按设计图示数量，分别以“处”为计量单位；电杆地线应区分安装方式，按设计图示数量，分别以“条”为计量单位；预留缆架安装，按设计图示数量，以“架”为计量单位；吊线保护装置安装，按设计图示尺寸，以“m”为计量单位。

六、架设吊线应区分吊线程式、施工方法，按设计图示数量，分别以“1000m 条”为计量单位；架设 100m 以内辅助吊线应区分施工方法，按设计图示数量，分别以“条档”为计量单位。

一、立　杆

1. 立 水 泥 杆

工作内容： 挖坑，清理，立杆，装 H 杆腰梁，回填夯实，号杆等。　　**计量单位：** 根

编　号				11-3-1	11-3-2	11-3-3	11-3-4	11-3-5	11-3-6
项　目				立 9m 以下水泥杆			立 11m 以下水泥杆		
				综合土	软石	坚石	综合土	软石	坚石
名　称			单位	消　耗　量					
人工	000203000	综合二类工	工日	1.080	1.250	1.500	1.620	1.830	2.210
材料	292307002	水泥电杆（梢径 13～17cm）	根	(1.010)	(1.010)	(1.010)	(1.010)	(1.010)	(1.010)
机械	990304004	汽车式起重机 8t	台班	0.040	0.040	0.040	0.040	0.040	0.040

工作内容： 挖坑，清理，立杆，装 H 杆腰梁，回填夯实，号杆等。　　**计量单位：** 见表

编　号				11-3-7	11-3-8	11-3-9	11-3-10	11-3-11	11-3-12
项　目				立 13m 以下水泥杆					
				综合土	软石	坚石	综合土	软石	坚石
单　位				根			座		
名　称			单位	消　耗　量					
人工	000203000	综合二类工	工日	2.250	2.750	3.580	5.300	5.940	6.790
材料	292307002	水泥电杆（梢径 13～17cm）	根	(1.010)	(1.010)	(1.010)	(2.010)	(2.010)	(2.010)
	292307003	H 杆腰梁（带抱箍）	套	—	—	—	1.010	1.010	1.010
	850103006	其他材料费（占材料费）	%	—	—	—	0.300	0.300	0.300
机械	990304004	汽车式起重机 8t	台班	0.060	0.060	0.060	0.120	0.120	0.120

2. 电杆根部加固及保护

工作内容： 1. 护桩：挖坑，固定涂油，回土夯实等。
2. 石笼、护墩：编铁笼，打桩，填石，砌石墩，抹面，回土夯实等。
3. 卡盘、底盘：挖坑，安装，回土夯实等。
4. 帮桩：挖坑，缠扎固定（涂油），回土夯实等。
5. 打桩：搭架，拆架，打桩，接杆等。　　**计量单位：** 处

编　号				11-3-13	11-3-14	11-3-15
项　目				电杆根部加固及保护		
				护桩	石笼	石护墩
名　称			单位	消　耗　量		
人工	000203000	综合二类工	工日	0.380	4.500	5.500
材料	051100003	防腐横木 2m	根	1.010	—	—
	031507031	镀锌铁丝 $\phi4.0$	kg	1.020	16.750	—
	041103001	毛石	m^3	—	1.740	1.740
	040305003	粗砂	kg	—	—	910.000
	040100003	水泥 32.5	kg	—	—	150.000
	850103006	其他材料费（占材料费）	%	0.300	0.300	0.300

工作内容：1. 护桩：挖坑，固定涂油，回土夯实等。
2. 石笼、护墩：编铁笼，打桩，填石，砌石墩，抹面，回土夯实等。
3. 卡盘、底盘：挖坑，安装，回土夯实等。
4. 帮桩：挖坑，缠扎固定（涂油），回土夯实等。
5. 打桩：搭架，拆架，打桩，接杆等。 **计量单位：**见表

编号				11-3-16	11-3-17	11-3-18	11-3-19
项目				电杆根部加固及保护			
				卡盘	底盘	水泥帮桩	木帮桩
单位				块		根	
名称			单位	消耗量			
人工	000203000	综合二类工	工日	0.350	0.350	0.750	0.750
材料	292109002	水泥卡盘	块	1.010	—	—	—
	372335007	卡盘抱箍	套	1.010	—	—	—
	292107002	水泥底盘	块	—	1.010	—	—
	050107002	水泥（或木）帮桩	根	—	—	1.010	1.010
	292313011	镀锌无头穿钉 M16 × 600	副	—	—	2.020	—
	031507031	镀锌铁丝 ϕ4.0	kg	—	—	—	1.400
	850103006	其他材料费（占材料费）	%	0.300	0.300	0.300	0.300

3. 装 撑 杆

工作内容：挖坑，装撑杆，装卡盘或横木，回土夯实，固定等。 **计量单位：**根

编号				11-3-20	11-3-21	11-3-22
项目				装水泥撑杆		
				综合土	软石	坚石
名称			单位	消耗量		
人工	000203000	综合二类工	工日	1.240	2.150	2.780
材料	292307001	水泥电杆	根	（1.010）	（1.010）	（1.010）
	372335006	拉线抱箍	套	2.020	2.020	2.020
	292109002	水泥卡盘	块	1.010	1.010	1.010
	372335007	卡盘抱箍	套	1.010	1.010	1.010
	850103006	其他材料费（占材料费）	%	0.300	0.300	0.300
机械	990304004	汽车式起重机 8t	台班	0.050	0.050	0.050

二、安 装 拉 线

1. 水泥杆单股拉线

工作内容：挖坑，埋设地锚，安装拉线，收紧拉线，做中、上把，清理现场等。　　**计量单位：**条

编号				11-3-23	11-3-24	11-3-25	11-3-26	11-3-27	11-3-28
项目				水泥杆夹板法装 7/2.2 单股拉线			水泥杆夹板法装 7/2.6 单股拉线		
				综合土	软石	坚石	综合土	软石	坚石
名称			单位	消耗量					
人工	000203000	综合二类工	工日	1.380	2.570	1.830	1.440	2.740	1.930
材料	010707001	镀锌钢绞线	kg	3.020	3.020	3.020	3.800	3.800	3.800
	031507024	镀锌铁丝 ϕ1.5	kg	0.020	0.020	0.020	0.040	0.040	0.040
	031507029	镀锌铁丝 ϕ3.0	kg	0.300	0.300	0.300	0.550	0.550	0.550
	031507031	镀锌铁丝 ϕ4.0	kg	0.220	0.220	0.220	0.220	0.220	0.220
	030907006	地锚铁柄	套	1.010	1.010	—	1.010	1.010	—
	292111016	水泥拉线盘	套	1.010	1.010	—	1.010	1.010	—
	372325004	三眼双槽夹板	副	2.020	2.020	2.020	2.020	2.020	2.020
	292111013	拉线衬环	个	2.020	2.020	2.020	2.020	2.020	2.020
	372335006	拉线抱箍	套	1.010	1.010	1.010	1.010	1.010	1.010
	030907015	岩石钢地锚	套	—	—	1.010	—	—	1.010
	850103006	其他材料费（占材料费）	%	0.300	0.300	0.300	0.300	0.300	0.300

工作内容：挖坑，埋设地锚，安装拉线，收紧拉线，做中、上把，清理现场等。　　**计量单位：**条

编号				11-3-29	11-3-30	11-3-31	11-3-32	11-3-33	11-3-34
项目				水泥杆夹板法装 7/3.0 单股拉线			水泥杆另缠法装 7/2.2 单股拉线		
				综合土	软石	坚石	综合土	软石	坚石
名称			单位	消耗量					
人工	000203000	综合二类工	工日	1.580	2.990	2.070	1.460	2.660	1.820
材料	010707001	镀锌钢绞线	kg	5.000	5.000	5.000	3.020	3.020	3.020
	031507024	镀锌铁丝 ϕ1.5	kg	0.040	0.040	0.040	0.020	0.020	0.020
	031507029	镀锌铁丝 ϕ3.0	kg	0.450	0.450	0.450	0.600	0.600	0.600
	031507031	镀锌铁丝 ϕ4.0	kg	0.220	0.220	0.220	0.220	0.220	0.220
	030907006	地锚铁柄	套	1.010	1.010	—	1.010	1.010	—
	292111016	水泥拉线盘	套	1.010	1.010	—	1.010	1.010	—
	372325004	三眼双槽夹板	副	4.040	4.040	4.040	—	—	—
	292111013	拉线衬环	个	2.020	2.020	2.020	2.020	2.020	2.020
	372335006	拉线抱箍	套	1.010	1.010	1.010	1.010	1.010	1.010
	030907015	岩石钢地锚	套	—	—	1.010	—	—	1.010
	850103006	其他材料费（占材料费）	%	0.300	0.300	0.300	0.300	0.300	0.300

工作内容： 挖坑，埋设地锚，安装拉线，收紧拉线，做中、上把，清理现场等。 **计量单位：** 条

编号				11-3-35	11-3-36	11-3-37	11-3-38	11-3-39	11-3-40
项目				水泥杆另缠法装 7/2.6 单股拉线			水泥杆另缠法装 7/3.0 单股拉线		
				综合土	软石	坚石	综合土	软石	坚石
名称			单位	消耗量					
人工	000203000	综合二类工	工日	1.520	2.890	1.890	1.680	3.100	2.050
材料	010707001	镀锌钢绞线	kg	3.800	3.800	3.800	5.000	5.000	5.000
	031507024	镀锌铁丝 ϕ1.5	kg	0.040	0.040	0.040	0.040	0.040	0.040
	031507029	镀锌铁丝 ϕ3.0	kg	0.700	0.700	0.700	1.120	1.120	1.120
	031507031	镀锌铁丝 ϕ4.0	kg	0.220	0.220	0.220	0.220	0.220	0.220
	030907015	岩石钢地锚	套	—	—	1.010	—	—	1.010
	292111013	拉线衬环	个	2.020	2.020	2.020	2.020	2.020	2.020
	372335006	拉线抱箍	套	1.010	1.010	1.010	1.010	1.010	1.010
	030907006	地锚铁柄	套	1.010	1.010	—	1.010	1.010	—
	292111016	水泥拉线盘	套	1.010	1.010	—	1.010	1.010	—
	850103006	其他材料费（占材料费）	%	0.300	0.300	0.300	0.300	0.300	0.300

工作内容： 挖坑，埋设地锚，安装拉线，收紧拉线，做中、上把，清理现场等。 **计量单位：** 条

编号				11-3-41	11-3-42	11-3-43	11-3-44	11-3-45	11-3-46
项目				水泥杆卡固法装 7/2.2 单股拉线			水泥杆卡固法装 7/2.6 单股拉线		
				综合土	软石	坚石	综合土	软石	坚石
名称			单位	消耗量					
人工	000203000	综合二类工	工日	1.220	2.400	1.820	1.280	2.560	1.890
材料	010707001	镀锌钢绞线	kg	3.020	3.020	3.020	3.800	3.800	3.800
	031507024	镀锌铁丝 ϕ1.5	kg	0.020	0.020	0.020	0.040	0.040	0.040
	031507031	镀锌铁丝 ϕ4.0	kg	0.220	0.220	0.220	0.220	0.220	0.220
	030907006	地锚铁柄	套	1.010	1.010	—	1.010	1.010	—
	292111016	水泥拉线盘	套	1.010	1.010	—	1.010	1.010	—
	291711001	钢线卡子（综合）	个	6.060	6.060	6.060	6.060	6.060	6.060
	292111013	拉线衬环	个	2.020	2.020	2.020	2.020	2.020	2.020
	372335006	拉线抱箍	套	1.010	1.010	1.010	1.010	1.010	1.010
	030907015	岩石钢地锚	套	—	—	1.010	—	—	1.010
	850103006	其他材料费（占材料费）	%	0.300	0.300	0.300	0.300	0.300	0.300

工作内容： 挖坑，埋设地锚，安装拉线，收紧拉线，做中、上把，清理现场等。 **计量单位：** 条

编号				11-3-47	11-3-48	11-3-49
项目				水泥杆卡固法装 7/3.0 单股拉线		
				综合土	软石	坚石
名称			单位	消耗量		
人工	000203000	综合二类工	工日	1.380	2.780	2.050
材料	010707001	镀锌钢绞线	kg	5.000	5.000	5.000
	031507024	镀锌铁丝 ϕ1.5	kg	0.040	0.040	0.040
	031507031	镀锌铁丝 ϕ4.0	kg	0.220	0.220	0.220
	030907006	地锚铁柄	套	1.010	1.010	—
	292111016	水泥拉线盘	套	1.010	1.010	—
	291711001	钢线卡子（综合）	个	6.060	6.060	6.060
	292111013	拉线衬环	个	2.020	2.020	2.020
	372335006	拉线抱箍	套	1.010	1.010	1.010
	030907015	岩石钢地锚	套	—	—	1.010
	850103006	其他材料费（占材料费）	%	0.300	0.300	0.300

2. 安装吊板拉线

工作内容： 挖拉线坑，埋设地锚，安装拉线，收紧拉线，做中把和上把，清理现场等。 **计量单位：** 处

编号				11-3-50	11-3-51	11-3-52	11-3-53	11-3-54	11-3-55
项目				装设 7/2.2 吊板拉线			装设 7/2.6 吊板拉线		
				综合土	软石	坚石	综合土	软石	坚石
名称			单位	消耗量					
人工	000203000	综合二类工	工日	1.540	2.740	2.180	1.700	3.120	2.260
材料	010707001	镀锌钢绞线	kg	2.270	2.270	2.270	3.180	3.180	3.180
	031507024	镀锌铁丝 ϕ1.5	kg	0.020	0.020	0.020	0.040	0.040	0.040
	031507029	镀锌铁丝 ϕ3.0	kg	0.220	0.220	0.220	0.350	0.350	0.350
	031507031	镀锌铁丝 ϕ4.0	kg	0.220	0.220	0.220	0.220	0.220	0.220
	030907006	地锚铁柄	套	1.010	1.010	—	1.010	1.010	—
	292111016	水泥拉线盘	套	1.010	1.010	—	1.010	1.010	—
	372325004	三眼双槽夹板	副	2.020	2.020	2.020	2.020	2.020	2.020
	292111013	拉线衬环	个	2.020	2.020	2.020	2.020	2.020	2.020
	372335006	拉线抱箍	套	1.010	1.010	1.010	1.010	1.010	1.010
	372335005	双吊线抱箍	套	1.010	1.010	1.010	1.010	1.010	1.010
	292313002	穿钉	副	3.030	3.030	3.030	3.030	3.030	3.030
	292313001	八线钢线担	根	2.020	2.020	2.020	2.020	2.020	2.020
	030907015	岩石钢地锚	套	—	—	1.010	—	—	1.010
	850103006	其他材料费（占材料费）	%	0.300	0.300	0.300	0.300	0.300	0.300

工作内容： 挖拉线坑，埋设地锚，安装拉线，收紧拉线，做中把和上把，清理现场等。 **计量单位：** 处

编号				11-3-56	11-3-57	11-3-58
项目				装设 7/3.0 吊板拉线		
				综合土	软石	坚石
名称			单位	消耗量		
人工	000203000	综合二类工	工日	1.880	3.300	2.450
材料	010707001	镀锌钢绞线	kg	4.230	4.230	4.230
	031507024	镀锌铁丝 ϕ1.5	kg	0.040	0.040	0.040
	031507029	镀锌铁丝 ϕ3.0	kg	0.420	0.420	0.420
	031507031	镀锌铁丝 ϕ4.0	kg	0.220	0.220	0.220
	030907015	岩石钢地锚	套	—	—	1.010
	372325004	三眼双槽夹板	副	4.040	4.040	4.040
	292111013	拉线衬环	个	2.020	2.020	2.020
	372335006	拉线抱箍	套	1.010	1.010	1.010
	372335005	双吊线抱箍	套	1.010	1.010	1.010
	292313002	穿钉	副	3.030	3.030	3.030
	292313001	八线钢线担	根	2.020	2.020	2.020
	030907006	地锚铁柄	套	1.010	1.010	—
	292111016	水泥拉线盘	套	1.010	1.010	—
	850103006	其他材料费（占材料费）	%	0.300	0.300	0.300

3. 制作横木拉线地锚及其他

工作内容： 绑扎，制作，清理现场等。 **计量单位：** 个

编号				11-3-59	11-3-60	11-3-61	11-3-62
项目				制作横木拉线地锚			
				7/2.6 单条单下	7/3.0 单条单下	7/2.2 单条双下	7/2.6 单条双下
名称			单位	消耗量			
人工	000203000	综合二类工	工日	0.600	0.620	0.500	0.520
材料	010707001	镀锌钢绞线	kg	1.270	1.690	1.820	2.540
	050111001	横木	根	1.010	1.010	1.010	1.010
	291705008	条形护杆板	块	2.020	2.020	2.020	2.020
	031507029	镀锌铁丝 ϕ3.0	kg	0.350	0.400	0.110	0.140
	031507031	镀锌铁丝 ϕ4.0	kg	0.450	0.500	0.530	0.580
	292111013	拉线衬环	个	1.010	1.010	1.010	1.010
	850103006	其他材料费（占材料费）	%	0.300	0.300	0.300	0.300

工作内容： 1. 制作横木拉线地锚：绑扎，制作，清理现场等。

2. 安装拉线隔电子、拉线警示保护管：安装，绑扎，清理现场等。 **计量单位：** 见表

编号				11-3-63	11-3-64	11-3-65	11-3-66	11-3-67
项目				制作横木拉线地锚			安装拉线隔电子	安装拉线警示保护管
				7/3.0 单条双下	7/3.0 双条四下	7/3.0 三条六下		
单位				个			处	
名称			单位	消耗量				
人工	000203000	综合二类工	工日	0.540	0.650	0.770	0.340	0.400
材料	010707001	镀锌钢绞线	kg	3.380	4.000	5.010	—	—
	050111001	横木	根	1.010	2.020	3.030	—	—
	291705008	条形护杆板	块	2.020	4.040	6.060	—	—
	031507029	镀锌铁丝 ϕ3.0	kg	0.160	—	—	0.600	—
	031507031	镀锌铁丝 ϕ4.0	kg	0.630	1.860	2.560	—	—
	292111013	拉线衬环	个	1.010	1.010	1.010	—	—
	271100001	绝缘子	个	—	—	—	1.010	—
	292111015	拉线警示管	套	—	—	—	—	1.010
	850103006	其他材料费（占材料费）	%	0.300	0.300	0.300	0.300	0.300

4. 安装附属装置

工作内容： 1. 电杆接高装置：安装等。

2. 电杆地线：挖沟，安装，引接地线，回土夯实等。 **计量单位：** 见表

编号				11-3-68	11-3-69	11-3-70	11-3-71	11-3-72
项目				电杆接高装置		电杆地线		
				单槽钢	双槽钢	拉线式	直埋式	延伸式
单位				处		条		
名称			单位	消耗量				
人工	000203000	综合二类工	工日	0.480	0.800	0.070	0.360	0.560
材料	291911001	接高装置	套	1.010	1.010	—	—	—
	031507031	镀锌铁丝 ϕ4.0	kg	—	—	0.200	1.500	2.000
	292703001	保安地气棒	根	—	—	—	1.010	—
	292703003	地线夹板	块	—	—	—	1.010	—
	850103006	其他材料费（占材料费）	%	0.300	0.300	0.300	0.300	0.300

工作内容： 1. 安装预留缆架：安装等。

2. 安装吊线保护装置：安装保护装置，绑扎等。 **计量单位：** 见表

编号				11-3-73	11-3-74
项目				安装预留缆架	安装吊线保护装置
单位				架	m
名称			单位	消耗量	
人工	000203000	综合二类工	工日	0.200	0.100
材料	292105004	预留缆架	套	1.010	—
	290600001	保护管	m	—	1.010
	341301003	警示装置	套	—	1.010
	850103006	其他材料费（占材料费）	%	0.300	0.300

三、架设吊线

工作内容：安装并紧固支持物（或固定物），布放吊线，紧线，做终结（丁字结、假终结、十字结）等。

计量单位：1000m 条

编号				11-3-75	11-3-76	11-3-77
项目				水泥杆架设 7/2.2 吊线		
				另缠法终结	夹板法终结	卡固法终结
名称			单位	消耗量		
人工	000203000	综合二类工	工日	6.250	6.250	6.250
材料	010707001	镀锌钢绞线	kg	221.270	221.270	221.270
	292313003	吊线担	根	25.250	25.250	25.250
	372335003	吊线箍	套	25.250	25.250	25.250
	372325001	吊线压板（带穿钉）	副	25.250	25.250	25.250
	292313005	镀锌穿钉 50	副	28.280	28.280	28.280
	292313006	镀锌穿钉 100	副	1.010	1.010	1.010
	372325003	三眼单槽夹板	副	28.280	28.280	28.280
	031507031	镀锌铁丝 ϕ4.0	kg	2.020	2.020	2.020
	031507029	镀锌铁丝 ϕ3.0	kg	1.010	1.010	1.010
	031507024	镀锌铁丝 ϕ1.5	kg	0.100	0.100	0.100
	372335006	拉线抱箍	套	4.040	4.040	4.040
	292111013	拉线衬环	个	8.080	8.080	8.080
	372325004	三眼双槽夹板	副	—	11.110	—
	182505001	U 型卡子	个	—	—	2.020
	850103006	其他材料费（占材料费）	%	0.300	0.300	0.300

工作内容： 安装并紧固支持物（或固定物），布放吊线，紧线，做终结（丁字结、假终结、十字结）等。

计量单位： 1000m 条

编号				11-3-78	11-3-79	11-3-80
项目				水泥杆架设 7/2.6 吊线		
				另缠法终结	夹板法终结	卡固法终结
		名称	单位	消耗量		
人工	000203000	综合二类工	工日	6.610	6.610	6.610
材料	010707001	镀锌钢绞线	kg	322.270	322.270	322.270
	292313003	吊线担	根	25.250	25.250	25.250
	372335003	吊线箍	套	25.250	25.250	25.250
	372325001	吊线压板（带穿钉）	副	25.250	25.250	25.250
	292313005	镀锌穿钉 50	副	28.280	28.280	28.280
	292313006	镀锌穿钉 100	副	1.010	1.010	1.010
	372325003	三眼单槽夹板	副	28.280	28.280	28.280
	031507031	镀锌铁丝 ϕ4.0	kg	2.020	2.020	2.020
	031507029	镀锌铁丝 ϕ3.0	kg	1.520	1.520	1.520
	031507024	镀锌铁丝 ϕ1.5	kg	0.100	0.100	0.100
	372335006	拉线抱箍	套	4.040	4.040	4.040
	292111013	拉线衬环	个	8.080	8.080	8.080
	372325004	三眼双槽夹板	副	—	14.140	—
	182505001	U 型卡子	个	—	—	2.020
	850103006	其他材料费（占材料费）	%	0.300	0.300	0.300

工作内容： 安装并紧固支持物（或固定物），布放吊线，紧线，做终结（丁字结、假终结、十字结）等。

计量单位： 1000m 条

编号				11-3-81	11-3-82	11-3-83
项目				水泥杆架设 7/3.0 吊线		
				另缠法终结	夹板法终结	卡固法终结
		名称	单位	消耗量		
人工	000203000	综合二类工	工日	6.670	6.670	6.670
材料	010707001	镀锌钢绞线	kg	430.360	430.360	430.360
	292313003	吊线担	根	25.250	25.250	25.250
	372335003	吊线箍	套	25.250	25.250	25.250
	372325001	吊线压板（带穿钉）	副	25.250	25.250	25.250
	292313005	镀锌穿钉 50	副	28.280	28.280	28.280
	292313006	镀锌穿钉 100	副	1.010	1.010	1.010
	372325003	三眼单槽夹板	副	28.280	28.280	28.280
	031507031	镀锌铁丝 ϕ4.0	kg	2.020	2.020	2.020
	031507029	镀锌铁丝 ϕ3.0	kg	2.020	2.020	2.020
	031507024	镀锌铁丝 ϕ1.5	kg	0.100	0.100	0.100
	292111013	拉线衬环	个	0.100	0.100	0.100
	182505001	U 型卡子	个	—	—	2.020
	372325004	三眼双槽夹板	副	—	14.140	—
	850103006	其他材料费（占材料费）	%	0.300	0.300	0.300

工作内容：预做吊挂物，紧线，调整吊挂及紧固，做终结等。 **计量单位：**条档

编号				11-3-84	11-3-85	11-3-86
项目				架设 100m 以内辅助吊线		
				另缠法终结	夹板法终结	卡固法终结
名称			单位	消耗量		
人工	000203000	综合二类工	工日	2.000	2.000	2.000
材料	372335003	吊线箍	套	2.020	2.020	2.020
	292313005	镀锌穿钉 50	副	4.040	4.040	4.040
	372325003	三眼单槽夹板	副	4.040	4.040	4.040
	031507029	镀锌铁丝 $\phi3.0$	kg	0.600	0.600	0.600
	031507024	镀锌铁丝 $\phi1.5$	kg	0.030	0.030	0.030
	292111013	拉线衬环	个	2.020	2.020	2.020
	292711001	茶托拉板	块	4.040	4.040	4.040
	372325004	三眼双槽夹板	副	—	6.060	—
	182505001	U 型卡子	个	—	—	6.060
	850103006	其他材料费（占材料费）	%	0.300	0.300	0.300

第四章

敷设光（电）缆

说　明

一、本章内容包括通信线路工程中的架空光（电）缆、埋式光缆、管道光（电）缆、引上光（电）缆、墙壁光（电）缆、建筑物内光（电）缆敷设等。

二、本章不包括线缆与配线设备的终结、通信设备安装工程中设备架间的线缆布放，应分别执行本册第七章、第八章相应项目。

三、顶棚内敷设线缆时，执行相应项目人工乘以系数 1.10。

四、光缆应包括附加及预留长度，按光缆增长和预留长度参考下表规定计算。

光缆增长和预留长度参考表

项　目	敷设方式			
	直埋	管道	架空	水底
接头每侧预留长度（m）	5～10	5～10	5～10	
人手孔内自然弯曲增长（m）		0.5～1		
光缆沟或管道内弯曲增长	7‰	10‰		按实际情况
架空光缆弯曲增长			7‰～10‰	
地下局站内每侧预留（m）	5～10			
地面局站内每侧预留（m）	10～20			

注：因水利、道路桥梁等建设规划导致的预留长度，按实际情况调整。

五、电缆长度应包括附加及预留长度，按第四册《电气设备与线缆安装工程》中的相关规定计算。

工程量计算规则

一、架空光（电）缆敷设应区分敷设方式、光（电）缆芯数，按设计图示尺寸，分别以“1000m 条”为计量单位。

二、埋式光缆敷设应区分不同芯数，按设计图示尺寸，分别以“1000m 条”为计量单位。

三、管道光缆敷设应区分不同的敷设项目，按设计图示尺寸，分别以“1000m 条”为计量单位。

四、管道电缆敷设应区分不同的敷设方式、电缆程式，按设计图示数量，分别以“1000m 条”为计量单位。

五、引上光（电）缆安装应区分不同的项目，按设计图示数量，分别以“条”为计量单位。

六、墙壁光（电）缆安装应区分不同方式、电缆程式，按设计图示数量，分别以“100m 条”为计量单位。

七、建筑物内光（电）缆敷设应区分不同的安装方式、芯数、对数，按设计图示数量，分别以“100m 条”为计量单位。

八、布放总配线架、交接箱、组线箱成端电缆应区分不同项目、电缆程式，按设计图示数量，分别以“条”为计量单位。

一、架空光（电）缆

1. 架 设 光 缆

（1）架设自承式架空光缆

工作内容： 施工准备，装吊线支持物，布放紧固光缆，盘余长，做各种吊线结，安装标志牌等。

计量单位： 1000m 条

	编 号			11-4-1	11-4-2	11-4-3
	项 目			架设自承式架空光缆		
				36 芯以下	72 芯以下	144 芯以下
	名 称		单位	消 耗 量		
人工	000203000	综合二类工	工日	16.790	19.030	21.260
材料	282511001	架空光缆	m	（1007.000）	（1007.000）	（1007.000）
	031507024	镀锌铁丝 ϕ1.5	kg	0.610	1.020	1.020
	010707002	镀锌钢绞线 7/2.2	kg	2.500	2.500	2.500
	372325003	三眼单槽夹板	副	2.020	2.020	2.020
	372325004	三眼双槽夹板	副	1.010	1.010	1.010
	292111013	拉线衬环	个	9.090	9.090	9.090
	372335004	吊线抱箍	套	25.250	25.250	25.250
	372335006	拉线抱箍	套	4.040	4.040	4.040
	182505001	U 型卡子	个	27.270	27.270	27.270
	292313005	镀锌穿钉 50	副	25.250	25.250	25.250
	030301003	钢线终端膨胀锁	只	9.090	9.090	9.090
	030301002	钢线双向膨胀锁	只	2.020	2.020	2.020
	372325002	单眼曲槽夹板	副	29.290	29.290	29.290
	372325005	三眼双曲槽夹板	副	2.020	2.020	2.020
	372333002	转弯夹板	副	2.020	2.020	2.020
	292313016	小拉板	块	3.030	3.030	3.030
	292313007	镀锌穿钉 M12 × 80	副	1.010	1.010	1.010
	292313008	镀锌穿钉 M12 × 300	副	25.250	25.250	25.250
	372335010	终端可变抱箍	套	6.060	6.060	6.060
	183101001	L 型托钩	只	25.250	25.250	25.250
	372335009	直可变抱箍	套	25.250	25.250	25.250
	291705008	条形护杆板	块	12.120	12.120	12.120
	291705009	瓦形护杆板	块	12.120	12.120	12.120
	341304008	光缆标志牌	个	50.500	50.500	50.500
	850103006	其他材料费（占材料费）	%	0.300	0.300	0.300

（2）挂钩法架设架空光缆

工作内容：施工准备，架设光缆，卡挂挂钩，盘余长，安装标志牌等。 **计量单位：**1000m 条

编号				11-4-4	11-4-5	11-4-6	11-4-7
项目				挂钩法架设架空光缆			
				36 芯以下	72 芯以下	144 芯以下	288 芯以下
名称			单位	消耗量			
人工	000203000	综合二类工	工日	11.440	13.330	14.770	16.830
材料	282511001	架空光缆	m	（1007.000）	（1007.000）	（1007.000）	（1007.000）
	292509001	电缆挂钩	只	2060.000	2060.000	2060.000	2060.000
	172709001	塑料软管（综合）	m	25.250	25.250	25.250	25.250
	031507024	镀锌铁丝 ϕ1.5	kg	0.610	1.020	1.020	1.020
	341304008	光缆标志牌	个	50.500	50.500	50.500	50.500
	850103006	其他材料费（占材料费）	%	0.300	0.300	0.300	0.300

（3）架设蝶形光缆

工作内容：1. 施工准备，装吊线支持物，布放坚固光缆，盘余长，做各种吊线结，安装标志牌等。
2. 施工准备，架设光缆，卡挂挂钩，盘余长，安装标志牌等。 **计量单位：**100m 条

编号				11-4-8	11-4-9
项目				架设自承式蝶形光缆	挂钩法架设蝶形光缆
名称			单位	消耗量	
人工	000203000	综合二类工	工日	1.650	1.460
材料	282513001	蝶形光缆	m	（103.000）	（103.000）
	013113001	紧箍钢带	m	1.830	—
	372337002	紧箍拉钩	个	4.040	—
	030525001	C 型拉钩	个	4.040	—
	372337001	夹板拉钩	个	4.040	—
	292199002	S 固定件	个	4.040	—
	292509001	电缆挂钩	只	—	206.000
	850103006	其他材料费（占材料费）	%	0.300	0.300

2. 架 设 电 缆

工作内容：施工准备，架设电缆，卡挂挂钩，断头处理，充气试验等。 **计量单位：**1000m 条

编号				11-4-10	11-4-11	11-4-12
项目				吊线式架空电缆		
				100 对以下	200 对以下	400 对以下
名称			单位	消耗量		
人工	000203000	综合二类工	工日	19.680	25.730	29.530
材料	280008012	塑料电缆	m	（1007.000）	（1007.000）	（1007.000）
	292509001	电缆挂钩	只	2060.000	2060.000	2060.000
	031507024	镀锌铁丝 ϕ1.5	kg	0.610	1.020	1.830
	850103006	其他材料费（占材料费）	%	0.300	0.300	0.300

工作内容：施工准备，安装吊线支承物，布放紧固电缆，做各种吊线结等。　　　**计量单位：**1000m 条

编号				11-4-13	11-4-14
项目				架空自承式电缆	
				100 对以下	100 对以上
		名称	单位	消耗量	
人工	000203000	综合二类工	工日	29.770	35.680
材料	280008019	自承式电缆	m	（1007.000）	（1007.000）
	031507024	镀锌铁丝 ϕ1.5	kg	0.710	0.710
	031507027	镀锌铁丝 ϕ2.0	kg	1.020	1.020
	010707002	镀锌钢绞线 7/2.2	kg	2.500	2.500
	372335006	拉线抱箍	套	4.040	4.040
	292111013	拉线衬环	个	9.090	9.090
	182505001	U 型卡子	个	27.270	27.270
	372325003	三眼单槽夹板	副	2.020	2.020
	292313003	吊线担	根	28.280	28.280
	372335004	吊线抱箍	套	28.280	28.280
	292313015	多用二线钢担	根	28.280	28.280
	292113004	钢担抱箍 U 型（二线担用）	套	28.280	28.280
	030301003	钢线终端膨胀锁	只	9.090	9.090
	030301002	钢线双向膨胀锁	只	2.020	2.020
	372325002	单眼曲槽夹板	副	29.290	29.290
	372333002	转弯夹板	副	2.020	2.020
	292313016	小拉板	块	3.030	3.030
	292313007	镀锌穿钉 M12 × 80	副	1.010	1.010
	372335010	终端可变抱箍	套	6.060	6.060
	030727001	L 型挂钩	只	25.250	25.250
	031501017	圆帽穿钉 M12 × 80	副	25.250	25.250
	031501016	圆帽穿钉 M12 × 60	副	25.250	25.250
	850103006	其他材料费（占材料费）	%	0.300	0.300

二、埋式光缆

工作内容：施工准备，清理沟底，人工抬放光缆等。　　　**计量单位：**1000m 条

编号				11-4-15	11-4-16	11-4-17
项目				敷设埋式光缆		
				36 芯以下	72 芯以下	96 芯以下
		名称	单位	消耗量		
人工	000203000	综合二类工	工日	32.760	37.460	41.360
材料	280015002	光缆	m	（1005.000）	（1005.000）	（1005.000）

工作内容：施工准备，清理沟底，人工抬放光缆等。 **计量单位：**1000m 条

编号				11-4-18	11-4-19	11-4-20
项目				敷设埋式光缆		
				144 芯以下	288 芯以下	288 芯以上
名称			单位	消耗量		
人工	000203000	综合二类工	工日	45.250	49.150	55.000
材料	280015002	光缆	m	（1005.000）	（1005.000）	（1005.000）

三、管道光（电）缆

1. 敷设管道光缆

（1）人工敷设塑料子管

工作内容：施工准备，穿放引线，布放电缆，断头处理，安装托板，充气试验等。 **计量单位：**1000m 条

编号				11-4-21	11-4-22	11-4-23
项目				人工敷设塑料子管		
				1 孔子管	2 孔子管	3 孔子管
名称			单位	消耗量		
人工	000203000	综合二类工	工日	9.570	13.330	16.710
材料	172511003	聚乙烯管	m	（1020.000）	（2040.000）	（3060.000）
	031507024	镀锌铁丝 $\phi1.5$	kg	3.050	3.050	3.050
	183109002	固定堵头	个	24.300	24.300	24.300
	183104001	塞子	个	24.500	49.000	73.500
	850103006	其他材料费（占材料费）	%	0.300	0.300	0.300

工作内容：施工准备，穿放引线，布放电缆，断头处理，安装托板，充气试验等。 **计量单位：**1000m 条

编号				11-4-24	11-4-25
项目				人工敷设塑料子管	
				4 孔子管	5 孔子管
名称			单位	消耗量	
人工	000203000	综合二类工	工日	20.090	23.470
材料	172511003	聚乙烯管	m	（4080.000）	（5100.000）
	031507024	镀锌铁丝 $\phi1.5$	kg	3.050	3.050
	183109002	固定堵头	个	24.300	24.300
	183104001	塞子	个	98.000	122.500
	850103006	其他材料费（占材料费）	%	0.300	0.300

（2）人工敷设管道光缆

工作内容： 施工准备，穿放引线，敷设光缆，安装托板，人孔中光缆包保护管，做标记等。

计量单位： 1000m 条

编　号				11-4-26	11-4-27	11-4-28	11-4-29
项　目				人工敷设管道光缆			
				12 芯以下	24 芯以下	48 芯以下	96 芯以下
名　称			单位	消　耗　量			
人工	000203000	综合二类工	工日	16.440	19.910	23.370	26.640
材料	280015002	光缆	m	（1015.000）	（1015.000）	（1015.000）	（1015.000）
	172523002	聚乙烯波纹管	m	26.700	26.700	26.700	26.700
	144303002	胶带 PVC	盘	52.000	52.000	52.000	52.000
	031507024	镀锌铁丝 ϕ1.5	kg	3.050	3.050	3.050	3.050
	303307004	光缆托板	块	48.500	48.500	48.500	48.500
	203501001	托板垫	块	48.500	48.500	48.500	48.500
	292105003	余缆架	套	2.020	2.020	2.020	2.020
	341304002	标志牌	个	12.120	12.120	12.120	12.120
	850103006	其他材料费（占材料费）	%	0.300	0.300	0.300	0.300

工作内容： 施工准备，穿放引线，敷设光缆，安装托板，人孔中光缆包保护管，做标记等。

计量单位： 1000m 条

编　号				11-4-30	11-4-31	11-4-32	11-4-33
项　目				人工敷设管道光缆			
				144 芯以下	288 芯以下	576 芯以下	576 芯以上
名　称			单位	消　耗　量			
人工	000203000	综合二类工	工日	30.270	33.300	43.230	55.760
材料	280015002	光缆	m	（1015.000）	（1015.000）	（1015.000）	（1015.000）
	172523002	聚乙烯波纹管	m	26.700	26.700	26.700	26.700
	144303002	胶带 PVC	盘	52.000	52.000	52.000	52.000
	031507024	镀锌铁丝 ϕ1.5	kg	3.050	3.050	3.050	3.050
	303307004	光缆托板	块	48.500	48.500	48.500	48.500
	203501001	托板垫	块	48.500	48.500	48.500	48.500
	292105003	余缆架	套	2.020	2.020	2.020	2.020
	341304002	标志牌	个	12.120	12.120	12.120	12.120
	850103006	其他材料费（占材料费）	%	0.300	0.300	0.300	0.300

（3）气流法穿放管道（硅芯管）光缆

工作内容： 施工准备，气流机穿放光缆，封光缆端头，堵管孔头等。 **计量单位：** 1000m 条

编号				11-4-34	11-4-35	11-4-36
项目				气流法穿放管道（硅芯管）光缆		
				36 芯以下	72 芯以下	144 芯以下
名称			单位	消耗量		
人工	000203000	综合二类工	工日	7.630	8.560	9.470
材料	280015002	光缆	m	（1010.000）	（1010.000）	（1010.000）
	292701002	护缆塞	个	2.020	2.020	2.020
	140700001	润滑剂	kg	0.500	0.500	0.500
	850103006	其他材料费（占材料费）	%	0.300	0.300	0.300
机械	991247010	气流敷设设备 含空压机	台班	0.230	0.270	0.300
	990401020	载重汽车 5t	台班	0.230	0.270	0.300
	990304004	汽车式起重机 8t	台班	0.230	0.270	0.300

工作内容： 施工准备，气流机穿放光缆，封光缆端头，堵管孔头等。 **计量单位：** 1000m 条

编号				11-4-37	11-4-38
项目				气流法穿放管道（硅芯管）光缆	
				288 芯以下	288 芯以上
名称			单位	消耗量	
人工	000203000	综合二类工	工日	10.390	11.300
材料	280015002	光缆	m	（1010.000）	（1010.000）
	292701002	护缆塞	个	2.020	2.020
	140700001	润滑剂	kg	0.500	0.500
	850103006	其他材料费（占材料费）	%	0.300	0.300
机械	991247010	气流敷设设备 含空压机	台班	0.330	0.370
	990401020	载重汽车 5t	台班	0.330	0.370
	990304004	汽车式起重机 8t	台班	0.330	0.370

2. 敷设管道电缆

（1）人工敷设管道电缆

工作内容： 施工准备，穿放引线，布放电缆，断头处理，安装托板，充气试验等。 **计量单位：** 1000m 条

编号				11-4-39	11-4-40	11-4-41
项目				人工敷设管道电缆		
				200 对以下	400 对以下	800 对以下
名称			单位	消耗量		
人工	000203000	综合二类工	工日	31.790	37.680	48.050
材料	280008002	电缆（综合）	m	（1015.000）	（1015.000）	（1015.000）
	372311001	电缆托板	块	35.350	35.350	35.350
	203501004	托板塑料垫	块	35.350	35.350	35.350
	031507024	镀锌铁丝 $\phi1.5$	kg	3.050	3.050	3.050
	290701004	热缩端帽带气门	个	5.050	5.050	8.080
	290701005	热缩端帽不带气门	个	5.050	5.050	8.080
	341304002	标志牌	个	12.120	12.120	12.120
	850103006	其他材料费（占材料费）	%	0.300	0.300	0.300

工作内容：施工准备，穿放引线，布放电缆，断头处理，安装托板，充气试验等。 **计量单位：**1000m 条

编号				11-4-42	11-4-43
项目				人工敷设管道电缆	
				1200 对以下	1800 对以下
名称			单位	消耗量	
人工	000203000	综合二类工	工日	58.460	66.150
材料	280008002	电缆（综合）	m	（1015.000）	（1015.000）
	372311001	电缆托板	块	35.350	35.350
	203501004	托板塑料垫	块	35.350	35.350
	031507024	镀锌铁丝 $\phi1.5$	kg	3.050	3.050
	290701004	热缩端帽带气门	个	8.080	11.110
	290701005	热缩端帽不带气门	个	8.080	11.110
	341304002	标志牌	个	12.120	12.120
	850103006	其他材料费（占材料费）	%	0.300	0.300

（2）机械敷设管道电缆

工作内容：施工准备，穿放引线，布放电缆，断头处理，安装托板，充气试验等。 **计量单位：**1000m 条

编号				11-4-44	11-4-45	11-4-46
项目				机械敷设管道电缆		
				200 对以下	400 对以下	800 对以下
名称			单位	消耗量		
人工	000203000	综合二类工	工日	24.870	28.400	36.040
材料	280008002	电缆（综合）	m	（1015.000）	（1015.000）	（1015.000）
	372311001	电缆托板	块	35.350	35.350	35.350
	203501004	托板塑料垫	块	35.350	35.350	35.350
	031507024	镀锌铁丝 $\phi1.5$	kg	3.050	3.050	3.050
	290701004	热缩端帽带气门	个	5.050	5.050	8.080
	290701005	热缩端帽不带气门	个	5.050	5.050	8.080
	341304002	标志牌	个	12.120	12.120	12.120
	850103006	其他材料费（占材料费）	%	0.300	0.300	0.300
机械	990401020	载重汽车 5t	台班	0.400	0.550	0.750
	991255010	电缆拖车	台班	0.400	0.550	0.750

工作内容：施工准备，穿放引线，布放电缆，断头处理，安装托板，充气试验等。 **计量单位：**1000m 条

编号				11-4-47	11-4-48
项目				机械敷设管道电缆	
				1200 对以下	1800 对以下
名称			单位	消耗量	
人工	000203000	综合二类工	工日	43.470	51.520
材料	280008002	电缆（综合）	m	（1015.000）	（1015.000）
	372311001	电缆托板	块	35.350	35.350
	203501004	托板塑料垫	块	35.350	35.350
	031507024	镀锌铁丝 ϕ1.5	kg	3.050	3.050
	290701004	热缩端帽带气门	个	8.080	11.110
	290701005	热缩端帽不带气门	个	8.080	11.110
	341304002	标志牌	个	12.120	12.120
	850103006	其他材料费（占材料费）	%	0.300	0.300
机械	990401020	载重汽车 5t	台班	0.900	1.100
	991255010	电缆拖车	台班	0.900	1.100

四、引上光（电）缆

工作内容：1. 安装引上钢管：定位，装管，加固等。
2. 穿放引上光缆：穿保护管，穿放光缆，管口加保护垫，绑扎固定等。
3. 穿放引上电缆：穿放引线，穿放电缆，固定电缆，包封缆头，充气试验，引上管口保护等。

计量单位：条

编号				11-4-49	11-4-50	11-4-51	11-4-52	11-4-53
项目				安装引上钢管		穿放引上光缆	穿放引上电缆	
				杆上	墙上		200 对以下	200 对以上
名称			单位	消耗量				
人工	000203000	综合二类工	工日	0.400	0.500	1.040	0.840	0.920
材料	280015002	光缆	m	—	—	（6.060）	—	—
	172511003	聚乙烯管	m	—	—	（6.060）	—	—
	280008002	电缆（综合）	m	—	—	—	（6.060）	（6.060）
	170000004	管材（直）	根	1.010	1.010	—	—	—
	170000003	管材（弯）	根	1.010	1.010	—	—	—
	031507031	镀锌铁丝 ϕ4.0	kg	1.200	—	—	—	—
	182508002	钢管卡子	副	—	2.020	—	—	—
	031507024	镀锌铁丝 ϕ1.5	kg	—	—	0.100	0.100	0.100
	290634001	电缆卡子	个	—	—	—	2.020	2.020
	290701004	热缩端帽带气门	个	—	—	—	1.010	1.010
	290701005	热缩端帽不带气门	个	—	—	—	1.010	1.010
	850103006	其他材料费（占材料费）	%	0.300	0.300	0.300	0.300	0.300

五、墙壁光（电）缆

1. 墙 壁 光 缆

工作内容： 1. 架设吊线式墙壁光缆（含吊线架设）：定位，安装固定支撑物，布放吊线，收紧做终端，布放，卡挂，端头处理等。
2. 布放钉固式墙壁光缆：定位，装固定物，布放光缆，端头处理等。
3. 架挂自承式墙壁光缆：定位，装支撑物及配件，布放紧固光缆，做吊线结等。

计量单位： 100m 条

编　号				11-4-54	11-4-55	11-4-56
项　目				架设吊线式墙壁光缆	布放钉固式墙壁光缆	架挂自承式墙壁光缆
名　称			单位	消　耗　量		
人工	000203000	综合二类工	工日	5.500	3.520	5.060
材料	280015002	光缆	m	（100.700）	（100.700）	（101.000）
	291705006	挂钩	只	206.000	—	—
	010707002	镀锌钢绞线 7/2.2	kg	23.000	—	—
	291799001	U 型钢卡 $\phi 6.0$	副	14.000	—	—
	291799002	U 型钢卡 $\phi 8.0$	副	36.000	—	—
	292111014	拉线衬环（小号）	个	4.040	—	—
	292313017	终端转角墙担	根	4.040	—	—
	290209003	中间支撑物	套	8.080	—	10.100
	031507024	镀锌铁丝 $\phi 1.5$	kg	0.100	—	0.100
	290634002	电缆卡子（含钉）	套	—	206.000	—
	030301003	钢线终端膨胀锁	只	—	—	4.040
	372325002	单眼曲槽夹板	副	—	—	10.100
	031501017	圆帽穿钉 M12×80	副	—	—	10.100
	031507029	镀锌铁丝 $\phi 3.0$	kg	—	—	0.140
	372325003	三眼单槽夹板	副	—	—	1.010
	292313016	小拉板	块	—	—	1.010
	182505001	U 型卡子	个	—	—	18.180
	292111017	小拉环	个	—	—	6.060
	850103006	其他材料费（占材料费）	%	0.300	0.300	0.300

2. 墙 壁 电 缆

工作内容： 1. 架设吊线式墙壁电缆（含吊线架设）：定位，安装固定支撑物，布放吊线，收紧做终端，检验测试电缆，布放，卡挂，端头处理，充气试验等。
2. 布放钉固式墙壁电缆：定位，装固定物，检验，布放电缆，端头处理，充气试验等。

计量单位： 100m 条

编　号				11-4-57	11-4-58	11-4-59	11-4-60
项　目				架设吊线式墙壁电缆		布放钉固式墙壁电缆	
				200 对以下	200 对以上	200 对以下	200 对以上
名　称			单位	消　耗　量			
人工	000203000	综合二类工	工日	10.460	10.960	6.680	7.180
材料	280008002	电缆（综合）	m	（100.700）	（100.700）	（100.700）	（100.700）
	292509001	电缆挂钩	只	206.000	206.000	—	—
	010707002	镀锌钢绞线 7/2.2	kg	23.000	23.000	—	—
	291799001	U 型钢卡 ϕ6.0	副	14.000	14.000	—	—
	291799002	U 型钢卡 ϕ8.0	副	36.000	36.000	—	—
	292111014	拉线衬环（小号）	个	4.040	4.040	—	—
	292313017	终端转角墙担	根	4.040	4.040	—	—
	290209003	中间支撑物	套	8.080	8.080	—	—
	031507024	镀锌铁丝 ϕ1.5	kg	0.100	0.100	—	—
	290634002	电缆卡子（含钉）	套	—	—	206.000	206.000
	850103006	其他材料费（占材料费）	%	0.300	0.300	0.300	0.300

工作内容： 定位，装支撑物及配件，检验电缆，布放紧固电缆，做吊线结等。　　**计量单位：** 100m 条

编　号				11-4-61	11-4-62
项　目				架挂自承式墙壁电缆	
				100 对以下	100 对以上
名　称			单位	消　耗　量	
人工	000203000	综合二类工	工日	9.620	10.120
材料	280008002	电缆（综合）	m	（101.000）	（101.000）
	290209003	中间支撑物	套	10.100	10.100
	031507024	镀锌铁丝 ϕ1.5	kg	0.100	0.100
	030301003	钢线终端膨胀锁	只	4.040	4.040
	372325002	单眼曲槽夹板	副	10.100	10.100
	031501017	圆帽穿钉 M12 × 80	副	10.100	10.100
	031507029	镀锌铁丝 ϕ3.0	kg	0.140	0.140
	372325003	三眼单槽夹板	副	1.010	1.010
	292313016	小拉板	块	1.010	1.010
	182505001	U 型卡子	个	18.180	18.180
	292111017	小拉环	个	6.060	6.060
	850103006	其他材料费（占材料费）	%	0.300	0.300

六、建筑物内光（电）缆

1. 建筑物内光缆

（1）管、暗槽内穿放光缆

工作内容： 搬运光缆，清理管（暗槽），制做穿线端头（钩），穿放引线，穿放光缆，出口衬垫，做标记，封堵出口等。

计量单位： 100m 条

编　号				11-4-63	11-4-64	11-4-65
项　目				人工穿放管、暗槽内用户光缆		
				2 芯以下	12 芯以下	12 芯以上
名　称			单位	消　耗　量		
人工	000203000	综合二类工	工日	0.800	0.880	0.980
材料	280015002	光缆	m	（102.000）	（102.000）	（102.000）

（2）桥架布放光缆

工作内容： 搬运光缆，清理槽盒，布放，绑扎光缆，加垫套，做标记等。

计量单位： 100m 条

编　号				11-4-66	11-4-67	11-4-68	11-4-69	11-4-70
项　目				建筑物内桥架布放用户光缆				
				2 芯以下	24 芯以下	48 芯以下	96 芯以下	144 芯以下
名　称			单位	消　耗　量				
人工	000203000	综合二类工	工日	0.560	0.620	0.680	0.740	0.800
材料	280015002	光缆	m	（102.000）	（102.000）	（102.000）	（102.000）	（102.000）

2. 建筑物内电缆

（1）管、槽盒内穿放电缆

工作内容： 清理管（暗槽），制做穿线端头（钩），穿放引线，穿放电缆，做标记，封堵出口等。

计量单位： 100m 条

编　号				11-4-71	11-4-72
项　目				穿放 4 对对绞电缆	
				非屏蔽	屏蔽
名　称			单位	消　耗　量	
人工	000203000	综合二类工	工日	0.860	0.900
材料	280011001	对绞电缆（综合）	m	（102.500）	（103.000）
	031507024	镀锌铁丝 $\phi1.5$	kg	0.120	0.120
	010301004	钢丝 $\phi1.5$	kg	0.250	0.250
	850103006	其他材料费（占材料费）	%	0.300	0.300

工作内容： 清理管（暗槽），制做穿线端头（钩），穿放引线，穿放电缆，做标记，封堵出口等。

计量单位： 100m 条

编号				11-4-73	11-4-74	11-4-75	11-4-76	11-4-77
项目				穿放大对数对绞电缆				穿放 75Ω 射频同轴电缆
				非屏蔽 50 对以下	非屏蔽 100 对以下	屏蔽 50 对以下	屏蔽 100 对以下	
名称			单位	消耗量				
人工	000203000	综合二类工	工日	1.100	1.400	1.300	1.800	1.600
材料	280011001	对绞电缆（综合）	m	（102.500）	（102.500）	（103.000）	（103.000）	—
	282309001	射频电缆 SYV 75Ω	m	—	—	—	—	（102.000）
	031507024	镀锌铁丝 ϕ1.5	kg	0.120	0.120	0.120	0.120	0.120
	031507031	镀锌铁丝 ϕ4.0	kg	1.800	1.800	1.800	1.800	1.800
	850103006	其他材料费（占材料费）	%	0.300	0.300	0.300	0.300	0.300

（2）桥架布放电缆

工作内容： 检验，抽测电缆，布放、绑扎电缆，做标记，封堵出口等。

计量单位： 100m 条

编号				11-4-78	11-4-79
项目				穿放 4 对对绞电缆	
				非屏蔽	屏蔽
名称			单位	消耗量	
人工	000203000	综合二类工	工日	0.760	0.800
材料	280011004	对绞电缆 4 对	m	（102.500）	（103.000）

工作内容： 检验，抽测电缆，布放、绑扎电缆，做标记，封堵出口等。

计量单位： 100m 条

编号				11-4-80	11-4-81	11-4-82	11-4-83	11-4-84
项目				穿放大对数对绞电缆				穿放 75Ω 射频同轴电缆
				非屏蔽 50 对以下	非屏蔽 100 对以下	屏蔽 50 对以下	屏蔽 100 对以下	
名称			单位	消耗量				
人工	000203000	综合二类工	工日	1.000	1.200	1.100	1.600	1.200
材料	280011002	对绞电缆 50 对以下	m	（102.500）	—	（103.000）	—	—
	280011003	对绞电缆 100 对以下	m	—	（102.500）	—	（103.000）	—
	282309001	射频电缆 SYV 75Ω	m	—	—	—	—	（102.000）

七、敷设成端电缆

工作内容：量裁编扎，布放捆绑，套尼龙网套，处理余弯，测试对号，连接端子及上列，穿洞堵孔，接地连接等。

计量单位：条

编　　号				11-4-85	11-4-86	11-4-87	11-4-88	11-4-89
项　　目				布放总配线架成端电缆				
				200 对以下	400 对以下	600 对以下	800 对以下	1200 对以下
名　　称			单位	消　耗　量				
人工	000203000	综合二类工	工日	3.120	6.080	9.120	11.520	16.320
材料	280008005	大对数电缆	m	（20.200）	（20.200）	（20.200）	（20.200）	（20.200）
	290701004	热缩端帽带气门	个	1.010	1.010	1.010	1.010	1.010
	021911001	尼龙网（综合）	m	0.600	1.200	1.800	2.400	3.600

工作内容：量裁编扎，布放捆绑，套尼龙网套，处理余弯，测试对号，连接端子及上列，穿洞堵孔，接地连接等。

计量单位：条

编　　号				11-4-90	11-4-91	11-4-92	11-4-93
项　　目				布放总配线架成端电缆		布放交接箱成端电缆	
				1600 对以下	2400 对以下	100 对以下	200 对以下
名　　称			单位	消　耗　量			
人工	000203000	综合二类工	工日	21.120	30.720	1.550	2.600
材料	280008005	大对数电缆	m	（20.200）	（20.200）	（2.020）	（2.020）
	290701004	热缩端帽带气门	个	1.010	1.010	1.010	1.010
	021911001	尼龙网（综合）	m	4.800	7.200	0.300	0.600

工作内容：量裁编扎，布放捆绑，套尼龙网套，处理余弯，测试对号，连接端子及上列，穿洞堵孔，接地连接等。

计量单位：条

编　　号				11-4-94	11-4-95	11-4-96	11-4-97
项　　目				布放交接箱成端电缆			
				300 对以下	400 对以下	600 对以下	800 对以下
名　　称			单位	消　耗　量			
人工	000203000	综合二类工	工日	3.800	5.200	7.600	10.400
材料	280008005	大对数电缆	m	（2.020）	（2.020）	（2.020）	（2.020）
	290701004	热缩端帽带气门	个	1.010	1.010	1.010	1.010
	021911001	尼龙网（综合）	m	0.900	1.200	1.800	2.400

工作内容： 量裁编扎，布放捆绑，套尼龙网套，处理余弯，测试对号，连接端子及上列，穿洞堵孔，接地连接等。

计量单位：条

编号				11-4-98	11-4-99	11-4-100
项目				布放组线箱成端电缆		
				10 对以下	20 对以下	30 对以下
名称			单位	消耗量		
人工	000203000	综合二类工	工日	0.300	0.460	0.610
材料	280008005	大对数电缆	m	（1.010）	（1.010）	（1.010）

工作内容： 量裁编扎，布放捆绑，套尼龙网套，处理余弯，测试对号，连接端子及上列，穿洞堵孔，接地连接等。

计量单位：条

编号				11-4-101	11-4-102	11-4-103
项目				布放组线箱成端电缆		
				50 对以下	100 对以下	100 对以上
名称			单位	消耗量		
人工	000203000	综合二类工	工日	1.080	1.550	2.600
材料	280008005	大对数电缆	m	（1.010）	（1.010）	（1.010）

第五章

埋式光缆的保护与防护

说　明

一、本章内容包括埋式光缆保护及防护。

二、顶管分“人工顶管”和“机械顶管”两种施工方式。

三、敷设排流线项目中，不包括挖光缆沟的工作内容。

四、对地绝缘检查及处理的工程量，应按直埋光缆的路由长度计算。

工程量计算规则

一、埋式光缆保护应区分不同保护方式，按设计图示尺寸，分别以“m”“100m”“km”为计量单位。

二、石砌坡（坎）、堵塞、三七土护坎、封石沟、做漫水坝、挡水墙，按设计图示尺寸，分别以“m^3”为计量单位。

三、埋设标石、安装宣传警示牌、安装对地绝缘监测标石，按设计图示数量，分别以“块”为计量单位。

四、安装对地绝缘装置，按设计图示数量，以“点”为计量单位。

五、对地绝缘检查及处理，按设计图示尺寸，以“km”为计量单位。

六、敷设排流线应区分单条、双条，按设计图示尺寸，分别以“km”为计量单位。

七、消弧线、避雷针安装，按设计图示数量，分别以“处”为计量单位。

一、埋式光缆保护

1. 顶管，铺管、砖、水泥槽及盖板

工作内容：1. 桥挂管、槽：打眼，固定穿钉，安装支架，钢管接续、铺管（槽道），堵管头等。
2. 顶钢管：挖工作坑，安装机具，接钢管，顶钢管，堵管孔等。　　**计量单位：**m

编　号				11-5-1	11-5-2	11-5-3	11-5-4	11-5-5
项　目				桥挂钢管	桥挂塑料管	桥挂槽道	人工顶管	机械顶管
名　称			单位	消　耗　量				
人工	000203000	综合二类工	工日	0.300	0.150	0.230	3.000	0.800
材料	170301021	镀锌对缝钢管 $\phi50\sim\phi100$	m	（1.010）	—	—	（1.010）	（1.010）
	172500008	塑料管 $\phi50\sim100$	m	—	（1.010）	—	—	—
	850101002	固定器材	套	1.010	1.010	1.010	—	—
	290303001	不锈钢走线槽道 300×100	m	—	—	1.010	—	—
	182519004	管箍	个	—	—	—	0.170	0.170
	850103006	其他材料费（占材料费）	%	0.300	0.300	0.300	0.300	0.300
机械	990795020	液压顶管机	台班	—	—	—	—	0.150

工作内容：接管，铺管，堵管孔等。　　**计量单位：**见表

编　号				11-5-6	11-5-7	11-5-8
项　目				铺管保护		
				钢管	塑料管	大长度半硬塑料管
单　位				m		100m
名　称			单位	消　耗　量		
人工	000203000	综合二类工	工日	0.130	0.110	4.000
材料	170301021	镀锌对缝钢管 $\phi50\sim\phi100$	m	（1.010）	—	—
	172500009	塑料管 $\phi80\sim100$	m	—	（1.010）	—
	290611001	半硬塑料管 $\phi40\sim\phi50$	m	—	—	（101.000）
	182900001	套管	个	0.170	—	—
	850103006	其他材料费（占材料费）	%	0.300	—	—

工作内容： 1. 铺砖：现场运输，铺砖等。
2. 铺水泥盖板：现场运输，铺水泥盖板等。
3. 铺水泥槽：现场运输，铺水泥槽，勾缝，盖盖板等。 **计量单位：** 见表

编 号				11-5-9	11-5-10	11-5-11	11-5-12
项 目				铺砖保护		铺水泥盖板	铺水泥槽
				横铺砖	竖铺砖		
单 位				km			m
名 称			单位	消 耗 量			
人工	000203000	综合二类工	工日	17.000	12.000	15.000	0.150
材料	041301002	标准砖 240 × 115 × 53	块	8160.000	4080.000	—	—
	360113001	水泥盖板	块	—	—	2040.000	—
	360109001	水泥槽（带盖板）	m	—	—	—	1.020
	850103006	其他材料费（占材料费）	%	0.300	0.300	0.300	0.300

2. 砌坡、砌坎、堵塞、封石沟及安装宣传警示牌

工作内容： 1. 石砌坡（坎）、堵塞、封石沟：挖土石方，砌石墙，勾缝等。
2. 三七土护坎：现场运料，挖土，搅拌三七土，铺填三七土，分层夯实等。 **计量单位：** m^3

编 号				11-5-13	11-5-14	11-5-15
项 目				石砌坡、坎、堵塞	三七土护坎	封石沟
名 称			单位	消 耗 量		
人工	000203000	综合二类工	工日	3.580	0.700	3.000
材料	040100003	水泥 32.5	kg	183.000	—	202.000
	040303002	中粗砂	kg	607.000	—	836.000
	041103001	毛石	m^3	1.000	—	—
	040905004	石灰	t	—	0.270	—
	040501008	碎石 5～32	kg	—	—	1331.000
	850103006	其他材料费（占材料费）	%	0.300	0.300	0.300

工作内容： 1. 做漫水坝、挡水墙：挖土石方，砌石墙，勾缝等。
2. 埋设标石：埋设标石，刷色，编号等。
3. 安装宣传警示牌：现场搬运，挖坑，安装，回土夯实等。 **计量单位：** 见表

编 号				11-5-16	11-5-17	11-5-18
项 目				做漫水坝、挡水墙	埋设标石	安装宣传警示牌
单 位				m^3	块	
名 称			单位	消 耗 量		
人工	000203000	综合二类工	工日	7.160	0.210	0.600
材料	040519001	监测标石	块	—	1.020	—
	130100002	油漆	kg	—	0.100	—
	341301004	宣传警示牌	套	—	—	1.010
	040100003	水泥 32.5	kg	183.000	—	—
	040303002	中粗砂	kg	607.000	—	—
	041103001	毛石	m^3	1.000	—	—
	850103006	其他材料费（占材料费）	%	0.300	0.300	0.300

二、埋式光缆防护

1. 防雷、防蚀

工作内容： 1. 安装对地绝缘监测标石：挖坑，焊接监测线等。
2. 安装对地绝缘装置：检验器材，安装固定连线等。
3. 对地绝缘检查及处理：单盘检验及接续，回填后的对地绝缘检查、处理等。 **计量单位：** 见表

编　　号				11-5-19	11-5-20	11-5-21
项　　目				安装对地绝缘监测标石	安装对地绝缘装置	对地绝缘检查及处理
单　　位				块	点	km
名　　称			单位	消　耗　量		
人工	000203000	综合二类工	工日	0.780	1.000	0.500
材料	280317004	铜芯塑料绝缘绞型电线 RVS-2×32/0.15	m	5.080	—	—
	040519001	监测标石	块	1.010	—	—
	571501001	绝缘监测装置	套	—	1.010	—
	182907005	热缩套（包）管	套	—	—	2.020
	850103006	其他材料费（占材料费）	%	0.300	0.300	0.300
机械	870622055	接地电阻测试仪	台班	—	—	0.350

工作内容： 1. 敷设排流线：拉直，接续，布放排流线等。
2. 安装消弧线：挖沟，拉直，接续，布放消弧线，做地线，回填土测试等。
3. 安装避雷针：挖沟，做地线，布线，回填土，安装测试避雷针等。 **计量单位：** 见表

编　　号				11-5-22	11-5-23	11-5-24	11-5-25
项　　目				安装防雷设施			
				敷设排流线（单条）	敷设排流线（双条）	安装消弧线	安装避雷针
单　　位				km		处	
名　　称			单位	消　耗　量			
人工	000203000	综合二类工	工日	10.450	19.000	20.000	15.000
材料	291903002	防腐松木电杆 6m×10～14cm	根	—	—	—	（1.010）
	291903001	防腐松木电杆 5m×8～10cm	根	—	—	—	（1.010）
	031507027	镀锌铁丝 ϕ2.0	kg	0.510	1.020	0.200	0.510
	031507032	镀锌铁丝 ϕ6.0	kg	225.330	450.660	—	—
	012101018	角钢 50×5	kg	—	—	61.400	30.200
	011301006	扁钢 40×4	kg	—	—	68.680	34.340
	031507029	镀锌铁丝 ϕ3.0	kg	—	—	—	0.510
	031507031	镀锌铁丝 ϕ4.0	kg	—	—	—	1.520
	010903008	镀锌圆钢 ϕ16	kg	—	—	—	8.080
	850103006	其他材料费（占材料费）	%	0.300	0.300	0.300	0.300

第六章

安装分光、分线、配线设备

说　明

一、本章内容包括用户网络设备（光交接箱、光分路设备及用户终端设备）的安装。

二、本章不包括以下工作内容，应执行其他章节相应项目。

1. 光缆交接箱含室外落地式和壁挂式光缆交接箱。壁挂式交接箱的安装不包括引上管的安装，引上管应执行本册第四章相应项目。

2. 配线箱、接线箱的安装均不包括基础及支撑物安装的工作内容，基础及支撑物的安装，应执行本册第三章立杆中的相应项目。

三、光分路器与光纤线路插接适用于光分路器的上、下行端口与已有活动链接器的光纤线路的插接。

四、单面交接箱底座项目是按底座 $0.24m^3$、垫层 $0.08m^3$ 编制；双面交接箱底座项目是按底座 $0.37m^3$、垫层 $0.12m^3$ 编制。

五、安装双口以上 8 位模块式信息插座，应执行双口信息模块相应项目乘以系数 1.60。

工程量计算规则

一、光缆交接箱基座应区分不同的基础材料、形式，按设计图示数量，分别以“座”为计量单位。

二、光缆交接箱安装按设计图示数量，以“个”为计量单位；交接箱地线保护按设计图示数量，以“处”为计量单位。

三、电缆交接箱安装应区分不同安装方式，按设计图示数量，分别以“个”为计量单位；电缆交接箱基座砌筑按设计图示数量，以“个”为计量单位；交接箱改接跳线以“百条”为计量单位。

四、配线箱安装应分不同安装方式，按设计图示数量，分别以“台（部）”为计量单位；接线箱安装按设计图示数量，以“个”为计量单位；箱内配线架跳线按设计图示数量，以“条”为计量单位。

五、安装光分路器区应分不同高度，按设计图示数量，分别以“台”为计量单位；光分路器与光线路插接按设计图示数量，以“端口”为计量单位；光分路器本机测试，以“套”为计量单位。

六、缆线终端盒、过线（路）盒安装应区分不同的安装项目，按设计图示数量，分别以“10 个”为计量单位。

一、安装光（电）缆交接箱

1. 安装光缆交接箱

工作内容：1. 浇筑光缆交接箱基座：挖基座坑，布放引上塑料管，浇筑或砖砌基座，回填土，清理现场等。

2. 安装交接箱：开箱检验，清洁搬运，划线定位，固定箱体，安装箱体内配套环境系统，地线连接，安装附件，清理现场等。

计量单位：座

编号				11-6-1	11-6-2	11-6-3	11-6-4
项目				混凝土浇筑光缆交接箱基座		砖砌光缆交接箱基座	
				单面	双面	单面	双面
名称			单位	消耗量			
人工	000203000	综合二类工	工日	2.980	4.240	2.580	3.570
材料	172500034	塑料子管	m	90.900	90.900	90.900	90.900
	040100003	水泥 32.5	kg	140.660	212.970	70.860	108.780
	040305001	粗砂	t	0.260	0.390	0.200	0.300
	040501007	碎石 5～32	t	0.420	0.640	0.150	0.230
	010901011	圆钢 $\phi6$	kg	3.260	4.490	—	—
	050401005	板枋材 Ⅲ等	m^3	0.010	0.010	0.010	0.010
	041301002	标准砖 240×115×53	块	—	—	110.000	164.000
	850103006	其他材料费（占材料费）	%	0.300	0.300	0.300	0.300

工作内容：开箱检验，清洁搬运，划线定位，固定箱体，安装箱体内配套环境系统，地线连接，安装附件，清理现场等。

计量单位：个

编号				11-6-5	11-6-6	11-6-7	11-6-8	11-6-9
项目				室外落地式光缆交接箱			壁挂式光缆交接箱	
				144 芯以下	288 芯以下	288 芯以上	144 芯以下	288 芯以下
名称			单位	消耗量				
人工	000203000	综合二类工	工日	1.340	1.560	1.880	2.140	2.680
材料	291115002	交接箱（含接线排）	台	（1.000）	（1.000）	（1.000）	（1.000）	（1.000）
	292711004	附件	套	1.010	1.010	1.010	1.010	1.010
	850103006	其他材料费（占材料费）	%	0.300	0.300	0.300	0.300	0.300

工作内容： 1. 安装架空式光缆交接箱：安装站台及铁件，检验，吊装箱体，安装接头排，安装地线，编号等。
2. 交接箱地线保护：挖沟，下料，焊接，防腐处理，端子接线，埋设，回土夯实，找平等。 **计量单位：** 见表

编号				11-6-10	11-6-11	11-6-12
项目				安装架空式光缆交接箱		交接箱地线保护
				288 芯以下	288 芯以上	
单位				个		处
		名称	单位	消耗量		
人工	000203000	综合二类工	工日	3.960	4.500	1.350
材料	291115002	交接箱（含接线排）	台	（1.000）	（1.000）	—
	292711004	附件	套	1.010	1.010	—
	031509026	站台（双面）及铁件	套	1.010	1.010	—
	012101019	角钢 63×5	m	—	—	5.000
	292703003	地线夹板	块	—	—	1.000
	011301006	扁钢 40×4	kg	—	—	25.000
	280001003	导线 6.0mm^2	m	—	—	5.000
	850103006	其他材料费（占材料费）	%	0.300	0.300	0.300

2. 安装电缆交接箱

工作内容： 安装站台及铁件，检验，吊装箱体，安装接头排，安装地线，编号等。 **计量单位：** 个

编号				11-6-13	11-6-14	11-6-15	11-6-16
项目				安装架空式交接箱			
				600 对以下	1200 对以下	2400 对以下	2400 对以上
		名称	单位	消耗量			
人工	000203000	综合二类工	工日	8.180	10.700	14.360	16.180
材料	291115002	交接箱（含接线排）	台	（1.000）	（1.000）	（1.000）	（1.000）
	031509025	站台（单面）及铁件	套	1.010	1.010	—	—
	292703002	地气棒	根	2.000	2.000	2.000	2.000
	280110001	软铜绞线 TJR 7/1.33	kg	0.200	0.200	0.200	0.200
	292703004	地线夹板	副	1.010	1.010	1.010	1.010
	170300003	镀锌钢管（综合）	kg	27.500	27.500	27.500	27.500
	031507031	镀锌铁丝 ϕ4.0	kg	—	1.000	1.000	1.000
	290901008	铜线鼻子	个	—	2.020	2.020	2.020
	031509026	站台（双面）及铁件	套	—	—	1.010	1.010
	850103006	其他材料费（占材料费）	%	0.300	0.300	0.300	0.300
机械	990304004	汽车式起重机 8t	台班	0.250	0.250	0.250	0.250
	990401020	载重汽车 5t	台班	0.250	0.250	0.250	0.250

工作内容： 1. 安装落地式交接箱：检验安装固定箱体，安装接头排，密封箱底，编号等。
2. 砌筑电缆交接箱基座：挖基座坑，布放引上塑料管，浇筑或砖砌基座，回填土，清理现场等。

计量单位：个

编　号				11-6-17	11-6-18	11-6-19	11-6-20
项　目				安装落地式交接箱			砌筑电缆交接箱基座
				1200 对以下	2400 对以下	3600 对以下	
名　称			单位	消　耗　量			
人工	000203000	综合二类工	工日	6.400	8.200	10.000	3.340
材料	291115002	交接箱（含接线排）	台	（1.000）	（1.000）	（1.000）	—
	292703002	地气棒	根	2.020	2.020	2.020	—
	280110001	软铜绞线 TJR 7/1.33	kg	0.200	0.200	0.200	—
	292703004	地线夹板	副	1.010	1.010	1.010	—
	031507031	镀锌铁丝 ϕ4.0	kg	1.010	1.010	1.010	—
	290901008	铜线鼻子	个	2.020	2.020	2.020	—
	040503001	卵石	t	—	—	—	0.700
	040305001	粗砂	t	—	—	—	0.640
	040100003	水泥 32.5	kg	—	—	—	110.000
	041301002	标准砖 240 × 115 × 53	块	—	—	—	501.000
	041329001	水泥方砖	块	—	—	—	2.020
	290299004	电缆托架穿钉 M16	根	—	—	—	4.040
	850103006	其他材料费（占材料费）	%	0.300	0.300	0.300	0.300
机械	990304004	汽车式起重机 8t	台班	0.250	0.250	0.250	—
	990401020	载重汽车 5t	台班	0.250	0.250	0.250	—

工作内容： 1. 安装墙挂式交接箱：检验安装固定箱体，安装接头排，密封箱底，编号等。
2. 交接箱改接跳线：核对，改连，试通，整理等。 **计量单位：** 见表

编号				11-6-21	11-6-22	11-6-23	11-6-24
项目				安装墙挂式交接箱			交接箱改接跳线
				600 对以下	1200 对以下	2400 对以下	
单位				个			100 条
名称			单位	消耗量			
人工	000203000	综合二类工	工日	5.800	7.700	9.520	6.000
材料	291115002	交接箱（含接线排）	台	（1.000）	（1.000）	（1.000）	—
	292703002	地气棒	根	2.020	2.020	2.020	—
	280110001	软铜绞线 TJR 7/1.33	kg	0.200	0.200	0.200	—
	292703004	地线夹板	副	1.010	1.010	1.010	—
	031507031	镀锌铁丝 ϕ4.0	kg	1.010	1.010	1.010	—
	290901008	铜线鼻子	个	2.020	2.020	2.020	—
	170300003	镀锌钢管（综合）	kg	22.220	22.220	22.220	—
	372313002	壁挂式箱托架	套	1.010	1.010	1.010	—
	850103006	其他材料费（占材料费）	%	0.300	0.300	0.300	—
机械	990304004	汽车式起重机 8t	台班	0.250	0.250	0.250	—
	990401020	载重汽车 5t	台班	0.250	0.250	0.250	—

二、安装配线箱

工作内容： 开箱检验，划线定位，组装箱体及固定安装，安装光分路器，地线连接，清理现场等。 **计量单位：** 台（部）

编号				11-6-25	11-6-26	11-6-27	11-6-28
项目				安装电缆配线箱、光分纤箱、光分路箱			
				架空式	壁挂式	落地式	墙壁嵌入式
名称			单位	消耗量			
人工	000203000	综合二类工	工日	1.120	1.000	0.720	0.400
材料	291115010	配线箱	个	（1.000）	（1.000）	（1.000）	（1.000）
	292711004	附件	套	1.010	1.010	1.010	1.010
	850103006	其他材料费（占材料费）	%	0.300	0.300	0.300	0.300

工作内容： 1. 安装接线箱：开箱检验，划线定位，组装箱体及固定安装，安装光分路器，地线连接，清理现场等。
2. 配线架跳线：连接跳纤，排线，绑扎，做标记等。

计量单位：见表

编　号				11-6-29	11-6-30
项　目				安装接线箱	箱内配线架跳线
单　位				个	条
名　称			单位	消　耗　量	
人工	000203000	综合二类工	工日	1.100	0.020
材料	291115005	接线箱（综合）	个	（1.000）	—
	292711004	附件	套	1.010	—
	850103006	其他材料费（占材料费）	%	0.300	—

三、安装光分路器

工作内容： 1. 安装光分路器：开箱检查，清洁搬运，安装固定光分路器等。
2. 光分路器与光线路插接：固定光纤活动连接器，做标识。
3. 光分路器本机测试：连接仪表，测试插入锁好之，填写测试表格等。

计量单位：见表

编　号				11-6-31	11-6-32	11-6-33	11-6-34
项　目				安装光分路器		光分路器与光线路插接	光分路器本机测试
				安装高度1.5m以下	安装高度1.5m以上		
单　位				台		端口	套
名　称			单位	消　耗　量			
人工	000203000	综合二类工	工日	0.200	0.400	0.030	0.500
材料	282515001	光分路器	个	（1.000）	（1.000）	—	—
	850101001	固定材料	套	—	1.010	—	—
	850103006	其他材料费（占材料费）	%	—	0.300	—	—
机械	871122030	光功率计	台班	—	—	—	0.400

四、安装缆线终端盒、过线盒

工作内容：开孔，安装盒体，连接处密封，做标记等。 **计量单位：**10 个

编号				11-6-35	11-6-36	11-6-37	11-6-38
项目				安装过线（路）盒（半周长）		终端盒（接线盒）	
				200mm 以下	200mm 以上	砖墙内	混凝土墙内
名称			单位	消耗量			
人工	000203000	综合二类工	工日	0.400	1.300	0.980	1.370
材料	291110005	过线（路）盒	个	10.000	10.000	—	—
	291110011	终端盒或接线盒	个	—	—	10.200	10.200
	850103006	其他材料费（占材料费）	%	0.300	0.300	0.300	0.300

工作内容：固定对绞线，核对线序，卡线，做屏蔽，安装固定面板及插座，做标记等。 **计量单位：**10 个

编号				11-6-39	11-6-40	11-6-41	11-6-42
项目				安装 8 位模块式信息插座			
				单口		双口	
				非屏蔽	屏蔽	非屏蔽	屏蔽
名称			单位	消耗量			
人工	000203000	综合二类工	工日	0.520	0.620	0.820	1.020
材料	264601001	8 位模块式信息插座 单口	个	10.000	10.000	—	—
	264601002	8 位模块式信息插座 双口	个	—	—	10.000	10.000
	850103006	其他材料费（占材料费）	%	0.300	0.300	0.300	0.300

工作内容：编扎固定光纤，安装光纤连接器及面板，做标记等。 **计量单位：**10 个

编号				11-6-43	11-6-44
项目				安装光纤信息插座	
				两口	四口
名称			单位	消耗量	
人工	000203000	综合二类工	工日	0.300	0.400
材料	264601003	光纤信息插座 双口	个	10.000	—
	264601004	光纤信息插座 四口	个	—	10.000
	850103006	其他材料费（占材料费）	%	0.300	0.300

第七章

光（电）缆接续与测试

说 明

一、本章内容包括光缆、电缆接续与测试。

二、本章光缆接续与成端适用于熔接法和机械法两种施工工艺。

三、光缆的掏接分为“掏纤”和“接续”两种，其中“接续”根据工程实际要求执行熔接法或机械法相应项目。

工程量计算规则

一、熔接法光缆接续应区分光缆不同芯数，按设计图示数量，分别以“头”为计量单位。

二、光缆接续（机械法）、光缆成端接头（熔接法）、现场组装光纤活动连接器，按设计图示数量，分别以“芯”为计量单位。

三、光缆掏纤应区分光缆不同芯数，按设计图示数量，分别以“处”为计量单位。

四、用户光缆测试应区分光缆不同芯数，按设计图示数量，分别以“段”为计量单位；光缆测试人工和仪表按单窗口测试取定，设计中注明为双窗口测试的光缆段，人工和仪表分别乘以系数 1.80。

五、光纤链路测试应区分测试内容，分别以“链路”为计量单位。

六电缆接续与终接中成端电缆芯线接续、电缆芯线改接，应区分不同线径，按设计图示数量，分别以“100 对”为计量单位。

七、电缆芯线接续应区分不同线径、接续方式，按设计图示数量，分别以“100 对”为计量单位。

八、堵塞成端套管、封焊热可缩套（包）管、包封 C 型套管、制作热可缩套管气闭头应区分不同规格，按设计图示数量，分别以“个”为计量单位。

九、多用接头盒、接线筒、开启式套管安装，按设计图示数量，分别以“个”为单位计。

十、电缆终接区中卡接 4 对以下对绞电缆，应区分电缆形式，按设计图示数量，分别以“条”为计量单位。

十一、卡接 4 对以上对绞电缆，应区分电缆终结形式，按设计图示数量，分别以“100 对”为计量单位。

十二、端接同轴电缆应区分单芯、多芯，按设计图示数量，分别以“头”为计量单位。

十三、电缆布线系统测试应区分不同测试内容，按设计图示数量，分别以“100 对”“链路”为计量单位。

一、光缆接续与测试

1. 光 缆 接 续

工作内容： 光缆接续（熔接法）：端面处理，纤芯连接，测试，包封护套，盘绕、固定光纤等。

计量单位：头

编　号				11-7-1	11-7-2	11-7-3	11-7-4	11-7-5
项　目				光缆接续（熔接法）				
				4 芯以下	12 芯以下	24 芯以下	36 芯以下	48 芯以下
名　称			单位	消　耗　量				
人工	000203000	综合二类工	工日	0.500	1.500	2.490	3.420	4.290
材料	303303001	光缆接续器材	套	（1.010）	（1.010）	（1.010）	（1.010）	（1.010）
	282515003	光缆接头托架	套	1.010	1.010	1.010	1.010	1.010
	850103006	其他材料费（占材料费）	%	0.300	0.300	0.300	0.300	0.300
机械	991001030	汽油发电机组 10kW	台班	0.080	0.100	0.150	0.250	0.300
	871122026	光纤熔接机	台班	0.150	0.200	0.300	0.450	0.550
	871122021	光时域反射仪	台班	0.600	0.700	0.800	0.950	1.100

工作内容： 光缆接续（熔接法）：端面处理，纤芯连接，测试，包封护套，盘绕、固定光纤等。

计量单位：头

编　号				11-7-6	11-7-7	11-7-8	11-7-9
项　目				光缆接续（熔接法）			
				60 芯以下	72 芯以下	84 芯以下	96 芯以下
名　称			单位	消　耗　量			
人工	000203000	综合二类工	工日	5.100	5.900	6.540	7.170
材料	303303001	光缆接续器材	套	（1.010）	（1.010）	（1.010）	（1.010）
	282515003	光缆接头托架	套	1.010	1.010	1.010	1.010
	850103006	其他材料费（占材料费）	%	0.300	0.300	0.300	0.300
机械	991001030	汽油发电机组 10kW	台班	0.350	0.400	0.450	0.500
	871122026	光纤熔接机	台班	0.700	0.800	0.950	1.100
	871122021	光时域反射仪	台班	1.250	1.400	1.600	1.700

工作内容： 1. 光缆接续（熔接法）：端面处理，纤芯连接，测试，包封护套，盘绕、固定光纤等。

2. 光缆接续（机械法）：端面处理，芯线连接（熔接或机械法），测试衰耗，包封护套，盘余及固定分歧接续的光纤。

计量单位： 见表

编号				11-7-10	11-7-11	11-7-12	11-7-13
项目				光缆接续（熔接法）			光缆接续（机械法）
				108 芯以下	132 芯以下	144 芯以下	
单位				头			芯
名称			单位	消耗量			
人工	000203000	综合二类工	工日	7.740	7.800	8.100	0.100
材料	303303001	光缆接续器材	套	（1.010）	（1.010）	（1.010）	—
	282515003	光缆接头托架	套	1.010	1.010	1.010	—
	303307003	光纤机械接续子（冷接子）	个	—	—	—	1.010
	850103006	其他材料费（占材料费）	%	0.300	0.300	0.300	0.300
机械	991001030	汽油发电机组 10kW	台班	0.600	0.650	0.700	—
	871122026	光纤熔接机	台班	1.200	1.300	1.400	—
	871122021	光时域反射仪	台班	1.750	1.850	1.850	0.050

工作内容： 1. 光缆掏纤：确定掏纤位置，开剥外护套，分纤剪断，直通光纤保护，盘留，固定等。

2. 光缆成端接头：检验器材，尾纤熔接，测试衰减，固定活接头，固定光缆等。

3. 现场组装光纤连接器：制装接头，磨制，测试等。

计量单位： 见表

编号				11-7-14	11-7-15	11-7-16	11-7-17
项目				光缆掏纤		光缆成端接头（熔接法）	现场组装光纤活动连接器
				4 芯以下	每增加 2 芯		
单位				处		芯	
名称			单位	消耗量			
人工	000203000	综合二类工	工日	0.750	0.090	0.150	0.080
材料	291799004	直通单元	个	1.010	—	—	—
	282515002	光缆成端接头材料	套	—	—	1.010	—
	303303004	组装式光纤活动连接器	个	—	—	—	1.010
	850103006	其他材料费（占材料费）	%	0.300	—	0.300	0.300
机械	871122026	光纤熔接机	台班	—	—	0.030	—
	871122021	光时域反射仪	台班	—	—	0.050	0.050

2. 用户光缆测试

工作内容：光纤特性的测试、记录、整理测试资料等。　　**计量单位：**段

编号				11-7-18	11-7-19	11-7-20	11-7-21	11-7-22	11-7-23
项目				用户光缆测试					
				单芯	4芯以下	12芯以下	24芯以下	36芯以下	48芯以下
名称			单位	消耗量					
人工	000303000	综合三类工	工日	0.260	0.500	0.920	1.290	1.830	2.280
机械	871122021	光时域反射仪	台班	0.050	0.080	0.150	0.210	0.290	0.360

工作内容：光纤特性的测试、记录、整理测试资料等。　　**计量单位：**段

编号				11-7-24	11-7-25	11-7-26	11-7-27	11-7-28
项目				用户光缆测试				
				60芯以下	72芯以下	84芯以下	96芯以下	108芯以下
名称			单位	消耗量				
人工	000303000	综合三类工	工日	2.700	3.030	3.270	3.450	3.570
机械	871122021	光时域反射仪	台班	0.420	0.480	0.520	0.570	0.600

工作内容：光纤特性的测试、记录、整理测试资料等。　　**计量单位：**段

编号				11-7-29	11-7-30	11-7-31	11-7-32	11-7-33
项目				用户光缆测试				
				132芯以下	144芯以下	168芯以下	192芯以下	216芯以下
名称			单位	消耗量				
人工	000303000	综合三类工	工日	3.820	3.920	4.180	4.520	4.810
机械	871122021	光时域反射仪	台班	0.630	0.660	0.690	0.720	0.750

工作内容：光纤特性的测试、记录、整理测试资料等。　　**计量单位：**段

编号				11-7-34	11-7-35	11-7-36	11-7-37	11-7-38
项目				用户光缆测试				
				240芯以下	264芯以下	288芯以下	312芯以下	336芯以下
名称			单位	消耗量				
人工	000303000	综合三类工	工日	5.040	5.370	5.660	5.930	6.180
机械	871122021	光时域反射仪	台班	0.800	0.830	0.870	0.930	0.980

工作内容：光纤特性的测试、记录、整理测试资料等。　　**计量单位：**段

编号				11-7-39	11-7-40	11-7-41	11-7-42	11-7-43
项目				用户光缆测试				
				360芯以下	384芯以下	408芯以下	432芯以下	456芯以下
名称			单位	消耗量				
人工	000303000	综合三类工	工日	6.400	6.590	6.770	6.910	7.030
机械	871122021	光时域反射仪	台班	1.020	1.050	1.080	1.100	1.110

工作内容： 光纤特性的测试、记录、整理测试资料等。 **计量单位：** 段

编号				11-7-44	11-7-45	11-7-46	11-7-47	11-7-48
项目				用户光缆测试				
				480 芯以下	504 芯以下	528 芯以下	552 芯以下	576 芯以下
名称			单位	消耗量				
人工	000303000	综合三类工	工日	7.120	7.250	7.350	7.430	7.490
机械	871122021	光时域反射仪	台班	1.140	1.160	1.170	1.190	1.210

3. 光纤链路测试

工作内容： 测试，记录数据，编制测试报告等。 **计量单位：** 链路

编号				11-7-49	11-7-50
项目				光纤链路测试	
				光纤链路衰减测试	光纤链路回波损耗测试
名称			单位	消耗量	
人工	000303000	综合三类工	工日	0.100	0.100
机械	871119029	高稳定度光源	台班	0.100	—
	871122030	光功率计	台班	0.100	—
	871122010	手持光损耗测试仪	台班	—	0.100

二、电缆接续与测试

1. 电缆接续与终接

（1）电缆芯线接续

工作内容： 1. 成端电缆芯线接续：确定位置，检验电缆，对号测试，芯线接续等。
2. 电缆芯线接续：确定位置，检验电缆，编麻线，对号测试，芯线接续（含充油膏电缆的芯线清洗）等。 **计量单位：** 100 对

编号				11-7-51	11-7-52	11-7-53	11-7-54	11-7-55	11-7-56
项目				成端电缆芯线接续		电缆芯线接续			
				0.6 以下	0.9 以下	0.6 以下		0.9 以下	
						接线子式	模块式	接线子式	模块式
名称			单位	消耗量					
人工	000203000	综合二类工	工日	1.200	1.350	1.100	0.660	1.400	0.840
材料	290999001	电缆接线子	只	204.000	204.000	204.000	—	204.000	—
	290999002	接线模块 25 回线	条	4.040	4.040	—	4.040	—	4.040
	850103006	其他材料费（占材料费）	%	0.300	0.300	0.300	0.300	0.300	0.300

工作内容： 新旧电缆对号，编线，芯线改接，测试等。　　**计量单位：** 100 对

编　号				11-7-57	11-7-58
项　目				电缆芯线改接	
				0.6 以下	0.9 以下
名　称			单位	消　耗　量	
人工	000203000	综合二类工	工日	3.500	4.000
材料	290999001	电缆接线子	只	204.000	204.000
	290999002	接线模块 25 回线	条	4.040	4.040
	850103006	其他材料费（占材料费）	%	0.300	0.300

（2）堵塞成端套管

工作内容： 套管整形，电缆芯线处理，连接屏蔽线，包封成端套管，配制堵塞剂和填充料并灌注，气压试验，测试，整理卡固成端接口及成端电缆，做标志等。　　**计量单位：** 个

编　号				11-7-59	11-7-60	11-7-61	11-7-62
项　目				堵塞成端套管（mm 以内）			
				$\phi 50 \times 900$	$\phi 70 \times 900$	$\phi 90 \times 900$	$\phi 110 \times 900$
名　称			单位	消　耗　量			
人工	000203000	综合二类工	工日	1.150	1.300	1.700	2.100
材料	182900001	套管	个	1.010	1.010	1.010	1.010
	182519004	管箍	个	1.010	1.010	1.010	1.010
	133504001	堵塞剂	kg	1.000	1.000	1.500	1.500
	350205002	U 型卡环	副	3.030	3.030	3.030	3.030
	850103006	其他材料费（占材料费）	%	0.300	0.300	0.300	0.300

工作内容： 套管整形，电缆芯线处理，连接屏蔽线，包封成端套管，配制堵塞剂和填充料并灌注，气压试验，测试，整理卡固成端接口及成端电缆，做标志等。　　**计量单位：** 个

编　号				11-7-63	11-7-64	11-7-65	11-7-66
项　目				堵塞成端套管（mm 以内）			
				$\phi 130 \times 900$	$\phi 150 \times 900$	$\phi 170 \times 900$	$\phi 180 \times 900$
名　称			单位	消　耗　量			
人工	000203000	综合二类工	工日	2.300	2.700	2.900	3.200
材料	182900001	套管	个	1.010	1.010	1.010	1.010
	182519004	管箍	个	1.010	1.010	1.010	1.010
	133504001	堵塞剂	kg	1.500	2.000	2.000	2.000
	350205002	U 型卡环	副	3.030	3.030	3.030	3.030
	850103006	其他材料费（占材料费）	%	0.300	0.300	0.300	0.300

（3）封焊热可缩套（包）管

工作内容：套管对位，划线，芯线处理，连接屏蔽线，打磨两端电缆连接处并清除杂物，烤缩套（包）管，整理和固定套管，管道电缆包括托板加垫，管孔加铅皮花口等。 **计量单位：**个

编号				11-7-67	11-7-68	11-7-69	11-7-70
项目				封焊热可缩套（包）管（mm 以内）			
				ϕ50 × 900	ϕ70 × 900	ϕ90 × 900	ϕ110 × 900
名称			单位	消耗量			
人工	000203000	综合二类工	工日	0.700	0.900	1.200	1.400
材料	182907005	热缩套（包）管	套	1.010	1.010	1.010	1.010
	021301001	尼龙扎带（综合）	根	2.020	2.020	2.020	2.020
	850103006	其他材料费（占材料费）	%	0.300	0.300	0.300	0.300

工作内容：套管对位，划线，芯线处理，连接屏蔽线，打磨两端电缆连接处并清除杂物，烤缩套（包）管，整理和固定套管，管道电缆包括托板加垫，管孔加铅皮花口等。 **计量单位：**个

编号				11-7-71	11-7-72	11-7-73	11-7-74
项目				封焊热可缩套（包）管（mm 以内）			
				ϕ130 × 900	ϕ150 × 900	ϕ170 × 900	ϕ180 × 900
名称			单位	消耗量			
人工	000203000	综合二类工	工日	1.600	1.900	2.000	2.200
材料	182907005	热缩套（包）管	套	1.010	1.010	1.010	1.010
	021301001	尼龙扎带（综合）	根	2.020	2.020	2.020	2.020
	850103006	其他材料费（占材料费）	%	0.300	0.300	0.300	0.300

（4）安装包式塑料电缆套管

工作内容：电缆端口清洁，芯线处理，连接屏蔽线，包封套管，接口固定等。 **计量单位：**个

编号				11-7-75	11-7-76	11-7-77
项目				包封 C 型套管（mm 以内）		
				ϕ65 × 500	ϕ85 × 500	ϕ90 × 600
名称			单位	消耗量		
人工	000203000	综合二类工	工日	0.300	0.350	0.400
材料	290623001	C 型玻璃钢套管	套	1.010	1.010	1.010
	021301001	尼龙扎带（综合）	根	3.030	3.030	3.030
	850103006	其他材料费（占材料费）	%	0.300	0.300	0.300

工作内容： 1. 安装多用接头盒：器材检验，接头芯线处理，连接屏蔽线，组装固定，处理端口等。
2. 安装接线筒：器材检验，出线口及底座的处理，打磨清洁尾缆，灌注填充剂，封口，安装固定等。
3. 安装开启式套管：器材检验，安装固定等。 **计量单位：** 个

编　号				11-7-78	11-7-79	11-7-80
项　目				安装多用接头盒	安装接线筒	安装开启式套管
名　称			单位	消　耗　量		
人工	000203000	综合二类工	工日	1.380	3.310	1.380
材料	021301001	尼龙扎带（综合）	根	3.030	—	—
	291111001	多用接头盒	套	1.010	—	—
	291110007	接线盒（综合）	个	—	1.010	—
	290499001	U 型槽板	块	—	1.010	—
	144121001	填充剂	kg	—	1.010	—
	182919003	开启式套管	套	—	—	1.010
	850103006	其他材料费（占材料费）	%	0.300	0.300	0.300

（5）制作热可缩套管气闭头

工作内容： 套管整型，烤缩，配置堵剂并灌注，气压及绝缘试验，整理固定，做标志等。 **计量单位：** 个

编　号				11-7-81	11-7-82	11-7-83	11-7-84
项　目				制作热可缩套管气闭头			
				ϕ50 以下	ϕ70 以下	ϕ90 以下	ϕ110 以下
名　称			单位	消　耗　量			
人工	000203000	综合二类工	工日	0.840	1.080	1.440	1.780
材料	182919007	阻气套管	套	1.010	1.010	1.010	1.010
	021301001	尼龙扎带（综合）	根	2.020	2.020	2.020	2.020
	133504001	堵塞剂	kg	1.000	1.000	1.500	1.500
	850103006	其他材料费（占材料费）	%	0.300	0.300	0.300	0.300

工作内容： 套管整型，烤缩，配置堵剂并灌注，气压及绝缘试验，整理固定，做标志等。 **计量单位：** 个

编　号				11-7-85	11-7-86	11-7-87	11-7-88
项　目				制作热可缩套管气闭头			
				ϕ130 以下	ϕ150 以下	ϕ170 以下	ϕ180 以下
名　称			单位	消　耗　量			
人工	000203000	综合二类工	工日	1.920	2.270	2.400	2.640
材料	182919007	阻气套管	套	1.010	1.010	1.010	1.010
	021301001	尼龙扎带（综合）	根	2.020	2.020	2.020	2.020
	133504001	堵塞剂	kg	2.000	2.000	2.000	2.000
	850103006	其他材料费（占材料费）	%	0.300	0.300	0.300	0.300

（6）电缆终接

工作内容： 1. 卡接对绞电缆：编扎固定对绞电缆，卡线，做屏蔽，核对线序，安装固定接线模块（跳线盘），做标记等。
2. 端接同轴电缆：刮头，做头，分线，编扎，卡接，整理等。 **计量单位：** 见表

编号				11-7-89	11-7-90	11-7-91	11-7-92	11-7-93	11-7-94
项目				卡接4对以下对绞电缆		卡接4对以上对绞电缆		端接同轴电缆	
				非屏蔽	屏蔽	非屏蔽	屏蔽	单芯	多芯
单位				条		100对		头	
名称			单位	消耗量					
人工	000203000	综合二类工	工日	0.060	0.080	1.130	1.500	0.120	0.500

2. 电缆布线系统测试

工作内容： 测试，记录数据，编制测试报告等。 **计量单位：** 见表

编号				11-7-95	11-7-96	11-7-97
项目				配线电缆测试	对绞电缆布线系统测试	同轴电缆布线系统测试
单位				100对	链路	
名称			单位	消耗量		
人工	000303000	综合三类工	工日	1.500	0.100	0.100
机械	873152051	线路测试仪	台班	—	0.050	—

第八章

通信设备安装工程

第八章

职工家庭安全防护

说 明

一、本章内容包括机架（柜）安装，驻地网用户交换设备、局域网设备、有线接入网设备的安装与调测，通信设备缆线布放等。

二、本章包括以下工作内容：

1. 用户语音交换设备包括电路交换方式和分组交换方式。

2. 局域网设备包括组网设备以及用户端设备（集线器、以太网交换机、路由器、服务器、终端机等）。项目名称中的高、中、低端设备的含义应参照当时主流设备的综合性能指标及所处网络位置进行划分。

3. 外围设备包括光纤收发器、协议转换器、打印机、光模块等微型用户端设备。

三、接入网设备分为有源光网络设备、无源光网络设备以及混合光电接入方式。

四、有源光网络接入方式包括 SDH 和分组传送设备的各种组网类型，上述分项工程统一以设备的外接端口为计量单位，一收一发为一个“端口”。

五、综合架（柜）包括各专业的空架、龙门架、混合架、集装架等。

六、总配线架系按成套供应考虑。若非成套供应，仅安装总配线架铁架时，应按相应项目人工乘以系数 0.70。

七、专业设备的安装所需附件和材料按厂商配套提供考虑。若非成套提供，材料规格及用量应按实计算。

八、布放设备电缆适用于在电缆桥架、槽道及机房内地槽中施工。

九、安装网络管理系统包括：NMS、EM、LCT 设备的安装，网管线、数据线、电源线的布放，不包括与外部管道相连的通信电缆。

十、布放电源线项目是按单芯线径考虑的，对于 2 芯电源线的布放，按单芯相应项目人工乘以系数 1.10；对于 3 芯及 3 + 1 芯电源线的布放，按单芯相应项目人工乘以系数 1.30；对于 5 芯电源线的布放，按单芯相应项目人工乘以系数 1.50。

工程量计算规则

一、电源分配柜（箱）、无源综合架（柜）、有源综合架（柜）安装，应区分不同安装方式，按设计图示数量，分别以“架”为计量单位。

二、子机框安装、抗震底座的制作与安装，按设计图示数量，分别以“个”为计量单位。

三、总配线架安装应不同的安装方式、回线数量，按设计图示数量，分别以“架”为计量单位。

四、保护排、试线排安装，按设计图示数量，分别以“块”为计量单位。

五、数字分配架、光分配架安装应区分不同的安装方式，按设计图示数量，分别以“架”“个”为计量单位。

六、用户语音交换设备安装应区分不同的安装项目，按设计图示数量，分别以“架”“台”“块”为计量单位。

七、用户语音交换系统调（测）试应区分不同的调（测）试项目，按设计图示数量，分别以“100线”“端口”“台”为计量单位。

八、局域网设备安装与调测应区分不同的安装与调试项目，按设计图示数量，分别以“台”“块”“套”为计量单位。

九、有线接入网设备安装与调试应区分不同的安装与调试项目，按设计图示数量，分别以“子架”“端口”“套”“台”“块”“方向·系统”“环·系统”为计量单位。

十、通信设备线缆布放应区分不同的线缆布放项目，按设计图示数量，分别以“100m 条”“条”“芯/条”“百条”“10m 条”为计量单位。

十一、布放总配线架跳线用量按一架计取，每增加一架，增加跳线 70m，工日不变；布放数字分配架跳线的规格及数量由设计图示数量计列；布放列内、列间信号线不分芯数和长度，按条计算工程量；材料规格及数量由设计图示数量计列。

十二、冷通道设备安装与调试，应区分不同的安装项目，按设计图示数量，分别以“架”“端”“m”“个”“台”“系统”为计量单位。

一、安装机架（柜）

1. 安装分配柜、综合柜

工作内容：1. 电源分配柜：开箱检验，清洁搬运，划线定位，安装固定，安装附件，盘内整理，接线连接等。
2. 综合机架（柜）：开箱检验，清洁搬运，安装固定等。　　**计量单位：**架

编号				11-8-1	11-8-2	11-8-3	11-8-4	11-8-5
项目				安装电源分配柜、箱			安装无源综合架（柜）	安装有源综合架（柜）
				落地式	壁挂式	架顶式		
		名称	单位	消耗量				
人工	000203000	综合二类工	工日	2.130	1.380	0.600	1.610	1.860
材料	372333003	加固角钢夹板组	套	2.020	—	—	2.020	2.020
	850103006	其他材料费（占材料费）	%	3.000	—	—	3.000	3.000

工作内容：综合机架（柜）：开箱检验，清洁搬运，安装固定等。　　**计量单位：**个

编号				11-8-6	11-8-7	11-8-8
项目				安装子机框	抗震底座	
					制作	安装
		名称	单位	消耗量		
人工	000203000	综合二类工	工日	0.200	1.200	0.380
材料	350327001	抗震底座	个	—	1.000	—
	850103006	其他材料费（占材料费）	%	—	3.000	—

2. 安装总配线架

工作内容：安装总配线架、滑梯：开箱检验，清洁搬运，安装固定，安装端子板，安装告警信号装置，调整清理等。　　**计量单位：**架

编号				11-8-9	11-8-10	11-8-11	11-8-12	11-8-13
项目				落地式总配线架（回线以下）				
				240	480	1000	2000	4000
		名称	单位	消耗量				
人工	000203000	综合二类工	工日	6.010	8.510	10.020	13.270	16.750
材料	011901009	槽钢 $8^{\#}$	kg	—	—	—	—	32.640
	255903002	信号灯座	套	—	—	—	—	10.000
	253707001	红色信号灯	套	—	—	—	—	10.000
	850103006	其他材料费（占材料费）	%	—	—	—	—	3.000

工作内容： 1. 安装总配线架、滑梯：开箱检验，清洁搬运，安装固定，安装端子板，安装告警信号装置，调整清理等。
2. 安装保安排、试线排：开箱检验，清洁搬运，安装固定。 **计量单位：** 见表

编号				11-8-14	11-8-15	11-8-16
项目				600/600 壁挂式配线架	安装保安排	安装试线排
单位				架	块	
名称			单位	消耗量		
人工	000203000	综合二类工	工日	4.170	0.130	0.100

3. 安装数字分配架、光分配架

工作内容： 开箱检验，清洁搬运，划线定位，机架组装，加固，安装端子板等。 **计量单位：** 见表

编号				11-8-17	11-8-18	11-8-19	11-8-20	11-8-21	11-8-22
项目				安装数字分配架			安装光分配架		
				落地式	壁挂式	子架	落地式	壁挂式	子架
单位				架		个	架		个
名称			单位	消耗量					
人工	000203000	综合二类工	工日	3.500	1.750	0.190	2.420	1.350	0.190
材料	372333003	加固角钢夹板组	套	2.020	—	—	2.020	—	—
	850103006	其他材料费（占材料费）	%	3.000	—	—	3.000	—	—

二、安装与调测驻地网用户交换设备

1. 安装用户语音交换设备硬件

工作内容： 1. 安装交换设备：开箱检验，清洁搬运，划线定位，安装加固机架，安装机盘及电路板，互连，设备标志，清洁整理等。
2. 安装用户集线器（SLC）：开箱检验，清洁搬运，划线定位，安装加固机架，安装机盘，设备标志，清洁整理等。 **计量单位：** 见表

编号				11-8-23	11-8-24	11-8-25
项目				安装落地式用户交换设备	安装墙挂式用户交换设备	安装用户集线器（SLC）
单位				架	台	架
名称			单位	消耗量		
人工	000203000	综合二类工	工日	10.000	8.000	12.000

工作内容：安装告警设备、扩装电路板：开箱检验，清洁搬运，安装固定，互连。　　**计量单位**：见表

编号				11-8-26	11-8-27	11-8-28
项目				安装告警设备	扩装交换设备电路板	安装测量台业务台
单位				台	块	台
名称			单位	消耗量		
人工	000203000	综合二类工	工日	0.500	0.050	1.680

2. 调测用户语音交换系统

工作内容：设备静态检查，通电，平台测试，告警测试，通话测试，连通测试（含中继测试）等。　　**计量单位**：见表

编号				11-8-29	11-8-30	11-8-31	11-8-32	11-8-33
项目				交换设备硬件调测				
				用户线	中继线电口	中继线光口	以太网电口	以太网光口
单位				100线	端口			
名称			单位	消耗量				
人工	000203000	综合二类工	工日	1.000	0.800	1.000	0.500	0.800
机械	873152059	用户模拟呼叫器	台班	0.100	—	—	—	—
	873150048	数字传输分析仪	台班	—	0.010	0.020	—	—
	873150017	模拟信令测试仪	台班	—	0.010	0.020	—	—
	873152055	中继线模拟呼叫器	台班	—	0.010	0.020	0.020	0.020
	873138001	网络测试仪	台班	—	—	—	0.020	0.020
	871122030	光功率计	台班	—	—	0.030	—	0.030
	873140054	光可变衰耗器	台班	—	—	0.030	—	0.030

工作内容：1. 交换设备硬件调测：设备静态检查，通电，平台测试，告警测试，通话测试，连通测试（含中继测试）等。
2. 交换设备软件调测：系统初始化，交换系统内各项功能调测，性能调测，整理测试记录。

计量单位：见表

编　号				11-8-34	11-8-35	11-8-36	11-8-37	11-8-38	11-8-39
项　目				语音交换设备软件调测				调测用户集线器	调测告警设备
				用户线	2M中继线	155M中继线	以太网接口		
单　位				100线	端口			100线	台
名　称			单位	消　耗　量					
人工	000203000	综合二类工	工日	15.000	0.500	1.000	0.500	3.500	1.000

三、安装与调测局域网设备

1. 安装局域网网络设备

工作内容：技术准备，开箱检验，清洁搬运，定位安装机柜、机箱，装配接口板，接口检查，硬件加电自检等。

计量单位：见表

编　号				11-8-40	11-8-41	11-8-42	11-8-43
项　目				安装低端局域网交换机	安装高、中端局域网交换机		安装集线器
					安装机箱及电源模块	安装接口板	
单　位				台		块	台
名　称			单位	消　耗　量			
人工	000203000	综合二类工	工日	1.250	1.200	0.500	0.500

工作内容：技术准备，开箱检验，清洁搬运，定位安装机柜、机箱，装配接口板，接口检查，硬件加电自检等。

计量单位：见表

编　号				11-8-44	11-8-45	11-8-46
项　目				安装低端路由器		
				安装路由器（整机型）	安装路由器机箱及电源模块（模块化）	安装路由器接口母板
单　位				台		块
名　称			单位	消　耗　量		
人工	000203000	综合二类工	工日	1.250	1.200	0.500

工作内容：技术准备，开箱检验，清洁搬运，定位安装机柜、机箱，装配接口板，接口检查，硬件加电自检等。　　计量单位：见表

编号				11-8-47	11-8-48	11-8-49	11-8-50
项目				安装中端路由器		安装高端路由器	
				安装路由器机箱及电源模块（模块化）	安装路由器接口母板	安装路由器机箱及电源模块（模块化）	安装路由器接口母板
单位				台	块	台	块
名称			单位	消耗量			
人工	000203000	综合二类工	工日	1.500	0.600	1.750	0.700

2. 调测局域网网络设备

工作内容：本机测试，接口测试，系统综合调测。　　计量单位：见表

编号				11-8-51	11-8-52	11-8-53	11-8-54
项目				调测路由器			
				低端	中端	高端	扩容板卡
单位				套			块
名称			单位	消耗量			
人工	000203000	综合二类工	工日	0.500	1.000	1.500	0.400
机械	873150048	数字传输分析仪	台班	0.050	0.100	0.050	0.050
	873138001	网络测试仪	台班	1.900	2.100	2.300	0.100
	873138052	协议分析仪	台班	1.900	2.100	2.300	0.100

工作内容：本机测试，接口测试，系统综合调测。　　计量单位：见表

编号				11-8-55	11-8-56	11-8-57	11-8-58
项目				调测局域网交换机			调测集线器
				低端	高、中端	扩容板卡	
单位				台		块	台
名称			单位	消耗量			
人工	000203000	综合二类工	工日	0.500	1.250	0.400	0.500
机械	873138001	网络测试仪	台班	0.250	0.750	0.050	0.100

3. 安装与调测局域网终端及附属设备

工作内容：开箱检验，清洁搬运，定位安装机柜、机箱、装配接口板，加电检查等。 **计量单位：**台

编号				11-8-59	11-8-60	11-8-61	11-8-62	11-8-63	11-8-64
项目				安装服务器			配合调测服务器		
				低端	中端	高端	低端	中端	高端
名称			单位	消耗量					
人工	000203000	综合二类工	工日	1.800	3.500	5.500	2.000	3.500	5.000

工作内容：开箱检验，清洁搬运，定位安装机柜、机箱、装配接口板，加电检查等。 **计量单位：**见表

编号				11-8-65	11-8-66	11-8-67	11-8-68	11-8-69	11-8-70
项目				安装、调测光电转换器			安装、调测调制解调器		
				集成式（台式）	插板式	扩板	集成式（台式）	插板式	扩板
单位				台		块	台		块
名称			单位	消耗量					
人工	000203000	综合二类工	工日	0.500	1.000	0.250	0.700	1.500	0.250
机械	873138052	协议分析仪	台班	0.250	0.250	0.050	0.200	0.200	0.050

工作内容：开箱检验，清洁搬运，定位安装机柜、机箱、装配接口板，加电检查等。 **计量单位：**台

编号				11-8-71	11-8-72	11-8-73
项目				安装 KVM 切换器	安装微型计算机（PC 机）	安装外围设备
名称			单位	消耗量		
人工	000203000	综合二类工	工日	0.500	0.500	0.200

4. 安装与调测数据存储设备

工作内容：开箱检验，清洁搬运，定位安装，互连，接口检查，加电自检，联机调试。 **计量单位：**台

编号				11-8-74	11-8-75	11-8-76
项目				安装光纤通道交换机	安装调试磁盘阵列	
					12 块磁盘以下	每增 5 块磁盘
名称			单位	消耗量		
人工	000203000	综合二类工	工日	1.060	2.000	0.800

5. 安装与调测网络安全设备

工作内容：技术准备，开箱检验，定位安装，互连，加电检查，清理现场等。 **计量单位：**台

编号				11-8-77	11-8-78	11-8-79	11-8-80
项目				防火墙设备		其他网络安全设备	
				安装	调测	安装	调测
名称			单位	消耗量			
人工	000203000	综合二类工	工日	2.100	2.600	1.050	1.100

四、安装与调测有线接入网设备

1. 有源光网络设备

（1）设备安装及本机测试

工作内容： 开箱检验，清洁搬运，定位安装子架、装配接口板，加电检查、单机性能测试、自环设施等。

计量单位： 见表

编　　号				11-8-81	11-8-82	11-8-83
项　　目				安装子机框及公共单元盘	安装测试传输设备接口盘	
					2.5Gbit/s	622Mbit/s
单　　位				子架	端口	
名　　称			单位	消　耗　量		
人工	000303000	综合三类工	工日	1.050	1.350	1.050
机械	873140054	光可变衰耗器	台班	—	0.030	0.030
	871122030	光功率计	台班	—	0.100	0.100
	873148014	宽带示波器（20G）	台班	—	0.030	0.030
	873150048	数字传输分析仪	台班	—	0.050	0.050

工作内容： 开箱检验，清洁搬运，定位安装子架、装配接口板，加电检查、单机性能测试、自环设施等。

计量单位： 端口

编　　号				11-8-84	11-8-85	11-8-86
项　　目				安装测试传输设备接口盘		
				155Mbit/s（光）	155Mbit/s（电）	2Mbit/s
名　　称			单位	消　耗　量		
人工	000303000	综合三类工	工日	0.800	0.650	0.250
机械	873140054	光可变衰耗器	台班	0.030	—	—
	871122030	光功率计	台班	0.100	—	—
	873148014	宽带示波器（20G）	台班	0.030	—	—
	873150048	数字传输分析仪	台班	0.050	0.050	0.050

工作内容： 开箱检验，清洁搬运，定位安装子架、装配接口板，加电检查、单机性能测试、自环设施等。

计量单位： 端口

编　　号				11-8-87	11-8-88	11-8-89	11-8-90
项　　目				安装测试传输设备接口盘			
				FE 电口	FE 光口	GE 电口	GE 光口
名　　称			单位	消　耗　量			
人工	000303000	综合三类工	工日	0.250	0.250	1.100	1.100
机械	873150060	通信性能分析仪	台班	0.050	0.050	0.050	0.050
	873140054	光可变衰耗器	台班	—	0.030	—	0.030
	871122030	光功率计	台班	—	0.010	—	0.010

（2）安装网管系统、传输系统通道调测

工作内容： 1. 安装网管设备：开箱检验，清洁搬运，设备安装固定，设备自检，配合调测网管系统运行试验等。
2. 系统通道调测：误码，抖动，光功率性能测试；告警，检测，转换功能，公务操作检查，音频接口测试等。

计量单位： 见表

编号				11-8-91	11-8-92
项目				安装、配合调测网管系统	线路段光端对测
单位				套	方向·系统
名称			单位	消耗量	
人工	000303000	综合三类工	工日	5.000	0.950
机械	871122030	光功率计	台班	—	0.050
	873140054	光可变衰耗器	台班	—	0.050

工作内容： 系统通道调测：误码，抖动，光功率性能测试；告警，检测，转换功能，公务操作检查，音频接口测试等。

计量单位： 见表

编号				11-8-93	11-8-94	11-8-95
项目				复用设备系统通道调测		保护倒换测试
				光口	电口	
单位				端口		环·系统
名称			单位	消耗量		
人工	000303000	综合三类工	工日	0.500	0.300	1.500
机械	871122030	光功率计	台班	0.050	—	—
	873150048	数字传输分析仪	台班	0.050	0.100	0.100
	873140054	光可变衰耗器	台班	0.050	—	0.100

2. 无源光网络设备

（1）局端设备

工作内容： 1. 安装测试基本子架及公共单元：开箱检验，安装固定机框，插装公共单元盘，设备标记，检验公共单元盘的功能。
2. 安装接口盘：插装设备板卡，设备标记，清洁整理。
3. OLT 设备本机测试：加电，本机性能测试，整理数据，填写测试表格。

计量单位： 见表

编号				11-8-96	11-8-97	11-8-98
项目				安装光线路终端（OLT）设备		
				公用单元盘（架式）	公用单元盘（盒式）	接口盘
单位				套		块
名称			单位	消耗量		
人工	000303000	综合三类工	工日	1.050	0.600	0.080

工作内容： 1. 安装测试基本子架及公共单元：开箱检验，安装固定机框，插装公共单元盘，设备标记，检验公共单元盘的功能。
2. 安装接口盘：插装设备板卡，设备标记，清洁整理。
3. OLT 设备本机测试：加电，本机性能测试，整理数据，填写测试表格。

计量单位： 端口

编号				11-8-99	11-8-100	11-8-101
项目				OLT 设备本机测试		
				上联 SNI 接口		下联光接口
				光口	电口	
		名称	单位	消耗量		
人工	000303000	综合三类工	工日	0.060	0.060	0.060
机械	873138007	网络分析仪	台班	0.030	0.030	0.030
	873140054	光可变衰耗器	台班	0.030	—	0.030
	871122030	光功率计	台班	0.100	—	0.100

（2）用户端设备

工作内容： 1. 安装插卡式 ONU 设备：开箱检验，安装固定子机框，插装设备板卡，设备标记，清洁整理等。
2. 安装集成式 ONU 设备：开箱检验，清洁搬运，安装固定设备本机，设备标记，清洁整理等。
3. 安装 ONT 设备：开箱检验，清洁搬运，安装固定设备，连接电源线及各类接口缆线，清洁整理等。
4. ONU/ONT 设备 PON 接口测试：测试平均发射光功率测试，接收灵敏度，整理数据，填写测试表格。

计量单位： 见表

编号				11-8-102	11-8-103	11-8-104	11-8-105	11-8-106
项目				安装光网络单元（ONU）			安装光网络终端（ONT）	ONU/ONT 设备上联光接口本机测试
				插卡式设备	集成式设备	扩装 ONU 板卡		
单位				子架	台	块	台	端口
		名称	单位	消耗量				
人工	000303000	综合三类工	工日	0.750	0.500	0.100	0.550	0.100
机械	873138001	网络测试仪	台班	—	—	—	—	0.050
	873140054	光可变衰耗器	台班	—	—	—	—	0.050
	871122030	光功率计	台班	—	—	—	—	0.050

（3）安装调测网管系统、接入网功能验证及性能测试

工作内容： 安装、配合调测网络管理系统：开箱验货，划线定位，安装固定设备，设备自检，配合厂家调测。

计量单位： 套

编号				11-8-107	11-8-108
项目				安装、配合调测网络管理系统	
				新建工程	扩容工程
		名称	单位	消耗量	
人工	000303000	综合三类工	工日	6.000	4.500

工作内容：系统功能验证及性能测试：对窄带端口进行通话（拨打）测试；宽带端口进行平台测试，连通测试，配合厂家数据配置；ONT 设备进行通路测试，数据配置等。

计量单位：见表

编号				11-8-109	11-8-110	11-8-111	11-8-112	11-8-113
项目				系统功能验证及性能测试				ONT 端口
				ONU 窄带端口		ONU 宽带端口		
				64 线以下	64 线以上每增加 10 线	64 线以下	64 线以上每增加 10 线	
单位				10 线				台
名称			单位	消耗量				
人工	000303000	综合三类工	工日	0.200	0.100	0.500	0.250	0.400
机械	873138001	网络测试仪	台班	—	—	0.020	0.020	—
	870199011	笔记本电脑	台班	—	—	0.020	0.020	0.200

五、布放通信设备线缆

1. 布放设备电缆

（1）放绑设备电缆

工作内容：取料，搬运，测试，量裁，布放，编绑，整理等。

计量单位：100m 条

编号				11-8-114	11-8-115	11-8-116
项目				音频电缆		音频隔离线（单、双芯）
				24 芯以下	24 芯以上	
名称			单位	消耗量		
人工	000203000	综合二类工	工日	1.050	1.300	0.800
材料	280008002	电缆（综合）	m	（102.000）	（102.000）	（102.000）

工作内容：取料，搬运，测试，量裁，布放，编绑，整理等。

计量单位：100m 条

编号				11-8-117	11-8-118	11-8-119	11-8-120
项目				SYV 类射频同轴电缆		数据电缆	
				单芯	多芯	10 芯以下	10 芯以上
名称			单位	消耗量			
人工	000203000	综合二类工	工日	1.000	1.350	0.710	1.000
材料	280008002	电缆（综合）	m	（102.000）	（102.000）	（102.000）	（102.000）

（2）编扎、焊（绕、卡）接设备电缆

工作内容： 刮头，做头，分线，编扎，对线，焊（绕、卡）线，二次对线，整理等。　　**计量单位：** 条

编　号				11-8-121	11-8-122	11-8-123	11-8-124	11-8-125
项　目				音频电缆				
				10 芯以下	24 芯以下	32 芯以下	64 芯以下	128 芯以下
名　称			单位	消　耗　量				
人工	000203000	综合二类工	工日	0.160	0.350	0.550	0.900	1.050

工作内容： 刮头，做头，分线，编扎，对线，焊（绕、卡）线，二次对线，整理等。　　**计量单位：** 见表

编　号				11-8-126	11-8-127	11-8-128	11-8-129
项　目				音频隔离线（单、双芯）	SYV 类射频同轴电缆	数据电缆	
						10 芯以下	10 芯以上
单　位				条	芯/条	条	
名　称			单位	消　耗　量			
人工	000203000	综合二类工	工日	0.060	0.080	0.080	0.180

2. 布放架内跳线

工作内容： 放线，剥隔离皮，焊（绕、卡）线，核对，改线（带电），整理，试通等。　　**计量单位：** 百条

编　号				11-8-130	11-8-131	11-8-132
项　目				总配线架布放跳线	总配线架带电改接跳线	数字分配架跳线
名　称			单位	消　耗　量		
人工	000203000	综合二类工	工日	1.400	2.750	8.500
材料	284305001	塑料跳线	m	316.000	153.000	—
	850103006	其他材料费（占材料费）	%	3.000	3.000	—

3. 布放双头尾纤（光跳线）

工作内容： 放绑软光纤，固定软光纤连接器（活接头），敷设套管，预留保护。　　**计量单位：** 见表

编　号				11-8-133	11-8-134	11-8-135
项　目				设备机架之间放、绑		布放集束光纤
				15m 以下	15m 以上	
单　位				条		10m 条
名　称			单位	消　耗　量		
人工	000203000	综合二类工	工日	0.290	0.460	0.500
材料	302727001	尾纤　双端头	条	1.010	1.010	—
	250201001	光纤束	m	—	—	10.000
	850103006	其他材料费（占材料费）	%	3.000	3.000	3.000

工作内容：放绑软光纤，固定软光纤连接器（活接头），敷设套管，预留保护。 **计量单位：**条

编号				11-8-136	11-8-137	11-8-138	11-8-139	11-8-140
项目				端接集束光纤				光纤分配架内跳纤
				12 芯以下	24 芯以下	48 芯以下	96 芯以下	
名称			单位	消耗量				
人工	000203000	综合二类工	工日	0.200	0.330	0.550	0.900	0.130
材料	302727001	尾纤 双端头	条	—	—	—	—	1.000
	850103006	其他材料费（占材料费）	%	—	—	—	—	3.000

4. 布放电源线

工作内容：检验，量裁，布放，绑扎，卡固，对线，剥保护层，连接接线端子，包缠绝缘带，固定等。 **计量单位：**10m 条

编号				11-8-141	11-8-142	11-8-143	11-8-144	11-8-145	11-8-146
项目				布放电源线（单芯线径 mm^2 以内）					
				16	35	70	120	185	240
名称			单位	消耗量					
人工	000203000	综合二类工	工日	0.180	0.250	0.360	0.490	0.600	0.760
材料	284313001	通信电源线	m	10.150	10.150	10.150	10.150	10.150	10.150
	290900001	接线端子	个	2.030	2.030	2.030	2.030	2.030	2.030
	850103006	其他材料费（占材料费）	%	3.000	3.000	3.000	3.000	3.000	3.000

六、补 充 项 目

1. 安装冷通道设备

工作内容：1. 冷通道机柜、端门、触摸屏等设备的开箱检验，清洁搬运，划线定位，现场清理。
2. 机柜、配套电源及附件的安装、地线连接、加电。
3. 端门的安装、连接线缆及附件、控制系统调试。
4. 触摸屏的安装、连接线缆及附件、加电。 **计量单位：**见表

编号				11-8-147	11-8-148	11-8-149
项目				安装冷通道机柜	安装冷通道端门	安装冷通道触摸屏
				600×1200×2000	（含附件）	
单位				架	端	个
名称			单位	消耗量		
人工	000203000	综合二类工	工日	1.860	1.000	0.500
材料	234113004	冷通道机柜（含机柜附件）	套	（1.000）	—	—
	234113005	冷通道两端端门及配件	套	—	（1.000）	（1.000）
	850103006	其他材料费（占材料费）	%	0.300	0.300	—

工作内容： 1. 冷通道顶部玻璃及桥架、传感器、摄像机等设备的开箱检验，清洁搬运，划线定位，现场清理。
2. 顶部玻璃及桥架的安装、连接线缆及附件、加电测试。
3. 冷通道内摄像机、传感器等的本体安装、线缆布放、加电、单体测试。 **计量单位：** 见表

编号				11-8-150	11-8-151	11-8-152
项目				安装冷通道顶部玻璃及桥架	安装冷通道传感器	安装冷通道摄像机
				架顶	温湿度、烟感	
单位				m	个	台
名称			单位	消耗量		
人工	000203000	综合二类工	工日	0.110	0.200	0.500
材料	290100002	电缆桥架	m	（1.010）	—	—
	303505002	传感器	个	—	（1.010）	—
	300101001	摄像机	个	—	—	（1.010）
	850103006	其他材料费（占材料费）	%	—	0.300	0.300

工作内容： 1. 冷通道列间空调等设备的开箱检验，清洁搬运，划线定位，现场清理。
2. 冷通道内空调的本体安装、线缆布放、加电、单体测试。
3. 冷通道系统调测：软件系统安装；温湿度、摄像机等的参数设置；功能检测，系统运行试验等。 **计量单位：** 见表

编号				11-8-153	11-8-154	11-8-155
项目				安装冷通道列间空调		冷通道系统调测
				宽 300mm	宽 600mm	
单位				架		系统
名称			单位	消耗量		
人工	000203000	综合二类工	工日	1.117	1.452	8.000
材料	500105002	冷通道列间空调	台	（1.000）	（1.000）	—
	850103006	其他材料费（占材料费）	%	0.500	0.500	—
机械	870199011	笔记本电脑	台班	—	—	2.000

2. 安装与调测数据存储设备

工作内容： 开箱检验，清洁搬运，定位安装，互连，接口检查，加电自检，联机调试。 **计量单位：** 台

编号				11-8-156	11-8-157	11-8-158	11-8-159	11-8-160
项目				安装调试磁带机	安装调试磁带库（盒以下）			
					200	500	1000	每增加50盒
名称			单位	消耗量				
人工	000203000	综合二类工	工日	1.750	2.800	4.500	6.500	0.250

附　录

一、土壤及岩石分类表

通信线路工程土石分类	建设部基础定额土石分类		土、石名称	开挖方式及工具
	土、石类	普氏分类		
普通土	一、二类土壤	Ⅰ	砂 砂壤土 炭壤土 泥炭	用尖锹开挖少数用镐开挖
		Ⅱ	轻壤土和黄土 潮湿而松散的黄土 含有草根的密实腐殖土 含有卵石或碎石杂质的胶结成块的填土 含有卵石、碎石和建筑碎料杂质的沙壤土	
硬土	三类土壤	Ⅲ	黏土 重壤土、粗砾石和卵石 干黄土和掺有碎石的自然含水量黄土 含有直径大于 30mm 根类的腐殖土或泥炭掺有碎石和建筑碎料的土壤	用尖锹并同时用镐开挖（30%）
砂砾土	四类土壤	Ⅳ	含碎石重黏土、硬黏土 含有碎石、卵石、建筑碎料和重达 25kg 的顽石的肥黏土的重壤土 泥板岩含有重量达 10kg 的顽石	用尖锹并同时用镐和撬棍开挖（30%）
软石	松石	Ⅴ	含有重量在 50%以内的巨砾的冰矿石 矽藻岩和软白垩岩 胶结力弱的砾岩 各种不坚实的片岩 石膏	部分用手凿工具、部分用风镐来开挖
软石	次坚石	Ⅵ	凝灰岩和浮石 松软多孔和裂隙严重的石灰岩和介质石灰岩 中等硬变的片岩 中等硬变的泥灰岩	用风镐来开挖
		Ⅶ	石灰石胶结的带有卵石和沉积岩的砾石 风化的有大裂缝的黏土质砂岩 坚实的泥板岩 坚实的泥灰岩	用风镐来开挖
软石	次坚石	Ⅷ	砾质花岗 泥灰质石灰岩 黏土质砂岩 砂质云母片岩 硬石膏	用风镐来开挖或人工用大锤打的方法

续前

通信线路工程土石分类	建设部基础定额土石分类		土、石名称	开挖方式及工具
	土、石类	普氏分类		
坚石	坚石	Ⅸ	严重风化的花岗岩、片麻岩和正长岩致密的石灰岩 含有卵石、沉积岩的胶质胶结的砾岩砂岩 砂质石灰质片岩 菱镁矿	用风镐来开挖或人工用大锤打的方法

说明：1. 普通土：主要用铁锹挖掘，并能自行脱锹的一般土壤。

2. 硬土：部分用铁锹挖掘，部分用镐挖掘，如坚土、黏土、市区瓦砾土及淤泥深度小于 0.5m 的水稻田和土壤（包括虽然可用锹挖，但不能自行脱锹的土壤）等。

3. 砂砾土：以镐、锹为主，有时也需用撬棍挖掘，如风化石、僵石、卵石及淤泥深度为 0.5m 以上的水稻田等。

4. 软石：部分用镐挖，部分用爆破挖掘的石质。松砂石、黏性胶结特别密实的卵石、软片石、碎裂的石灰岩、硬黏土质的片岩、页岩和硬石膏等。

5. 坚石：全部用爆破或人工用大锤打的方法挖掘的石质，如硬岩、玄武岩、花岗岩和石灰质砾岩等。

二、开挖土（石）方工程量计算

1. 不放坡挖沟，开挖路面面积。

开挖管道沟面积： $A=BL$

开掘人孔坑面积： $A=ab$

2. 放坡挖沟，开挖路面面积。

开挖管道沟面积：

$$A=(2Hi+B)L$$

开挖人孔坑面积：

$$A=(2Hi+a)(2Hi+b)$$

3. 开挖沟土（石）方体积。

不放坡挖沟：

$$V_1=BHL$$

放坡挖沟：

$$V_1=(Hi+B)HL$$

4. 开挖人孔坑土（石）方体积。

不放坡挖人孔坑：

$$V_2=abH$$

放坡挖人孔坑：

$$V_2=\frac{H}{3}\left[ab+(2Hi+a)(2Hi+b)+\sqrt{ab(2Hi+a)(2Hi+b)}\right]$$

式中：A——路面面积（m^2）

B——沟底宽度（m）;

L——沟长度（m）;

H——沟（坑）深度（m）;

i——放坡系数；

a——人孔坑底短边长度（m）;

b——人孔坑底长边长度（m）;

V_1——沟体积（m^3）;

V_2——人孔坑体积（m^3）。